中国生物经济发展战略

面向 2035 的生物经济强国之路

邱灵 韩祺 姜江 等 著

科 学 出 版 社
北 京

内 容 简 介

本书聚焦生物经济的内涵特征及其对经济社会发展的重要影响，研判全球生物经济发展态势及中国加快发展生物经济的紧迫性、必要性，坚持立足当前与放眼长远相结合，从技术创新、产业供给、市场需求、资源保障、治理体系五个方面搭建生物经济发展的国家战略引导体系，面向“健康中国”“美丽中国”“舌尖中国”“平安中国”等国家重大需求，谋划生物经济发展的战略重点，提出适应生物经济时代的前瞻性制度设计，旨在为中国生物经济理论研究和重大产业政策制定提供重要参考。

本书适用于政府决策部门工作人员、产业政策研究和实践的各界人士，也可作为产业经济、技术经济、公共管理等相关学科的参考书。

图书在版编目(CIP)数据

中国生物经济发展战略：面向2035的生物经济强国之路／邱灵等著．—北京：科学出版社，2022.3

ISBN 978-7-03-070850-2

Ⅰ.①中…　Ⅱ.①邱…　Ⅲ.①生物工程－工程经济学－研究－中国　Ⅳ.①Q81-05

中国版本图书馆CIP数据核字（2021）第261669号

责任编辑：刘　超／责任校对：樊雅琼

责任印制：吴兆东／封面设计：无极书装

科学出版社 出版

北京东黄城根北街16号

邮政编码：100717

http://www.sciencep.com

北京建宏印刷有限公司 印刷

科学出版社发行　各地新华书店经销

*

2022年3月第　一　版　开本：720×1000　1/16

2023年6月第三次印刷　印张：10 3/4

字数：210 000

定价：120.00元

（如有印装质量问题，我社负责调换）

前　言

生物技术是新一轮科技革命和产业变革的重要方向，正引领全球生物经济进入繁荣发展期，推动生物经济成为未来大国科技经济竞争乃至国家安全战略的核心内容。谋划好中国生物经济发展战略，既是科学精准打赢疫情防控阻击战、全面提高国家生物安全治理能力的重大举措，也是顺应生物经济全方位影响经济社会发展、国内国际双循环新发展格局下，重塑全球未来竞争新优势的战略部署。本书聚焦生物经济的内涵特征及其对经济社会发展的重要影响，研判全球生物经济发展态势及中国加快发展生物经济的紧迫性、必要性，坚持立足当前与放眼长远相结合，系统构建生物经济发展的国家战略引导体系，明确提出面向 2035 年的近中远期发展路线图和重点突破口，部署适应生物经济时代的前瞻性制度设计，这对中国生物经济理论研究和重大产业政策制定具有重要的理论价值和现实意义。

生物经济被认为是继农业经济、工业经济、信息经济之后，推动人类社会永续发展的全新经济形态。全球正处于生物经济快速成长期的重要关口，加快发展生物经济是实现经济社会高质量发展、把握未来竞争主动权、保障国家安全的重要手段。中国具有资源禀赋好、市场空间大、人才储备厚、产业体系相对完善及新型举国体制等五大优势，但在制度设计、生物资源保护开发、产业创新力和竞争力、重大问题争端解决机制等方面仍存在不少短板。锚定到 2035 年基本实现社会主义现代化远景目标，立足新发展阶段、贯彻新发展理念、构建新发展格局，中国生物经济发展战略的总体构想是：以推动国家生物经济治理体系和治理能力现代化为主题，以支撑经济社会高质量发展、构建人类命运共同体为主线，面向“健康中国”“美丽中国”“舌尖中国”“平安中国”等国家重大需求，加快生物技术研发攻关，提高生物产业供给质量，拓展生物经济需求空间，强化生物资源保护开发，完善生物经济治理体系。建议抓紧部署国家生物经济发展战略，系统构建战略引导、资源保藏、协同创新、改革试验、保障支撑五大政策体系，加快实现生物经济强国建设目标。

本书是国家高端智库中国宏观经济研究院 2020 年度重点课题“面向 2035 的国家生物经济发展战略研究”的主要成果。全书共八章，第一章分析生物经济的内涵特征、时代意义，以及我国发展生物经济的优势条件、问题短板和面临形势，提出面向 2035 的中国生物经济发展的总体构想、愿景目标、主攻方向、战略部署、战略重点和战略举措。第二章、第三章、第四章分别面向“健康中国”“美丽中国”“舌尖中国”等国家重大需求，提出相应的生物经济发展路线图。第五章、第六章分别从国际和国内两个维度，分析生物经济的前沿发展态势。第七章、第八章分别从文献和政策两个视角，梳理生物经济的研究脉络和政策体系。全书由邱灵、韩祺、姜江负责总体框架设计、组织协调撰写和统稿修订工作，具体各章执笔人如下：第一章，邱灵、韩祺、姜江；第二章，杨威；第三章，郑腾飞；第四章，张义博；第五章，陈曦；第六章，韩祺、邱灵、陈曦；第七章，王海成、邱灵；第八章，任继球、韩祺。本书研究过程中，还得到地方发展改革系统、有关大数据企业的大力支持，在此一并表示感谢。

限于认知水平和研究能力，本书一些观点尚不成熟，还存在不少疏漏和许多值得进一步研究的问题，希望各界同仁不吝批评指正。

邱　灵

2021 年 8 月 5 日

目　　录

前言
第一章　面向 2035 的中国生物经济发展战略 …… 1
第一节　生物经济的内涵特征及其时代意义 …… 1
第二节　中国培育发展生物经济的战略分析 …… 6
第三节　面向 2035 的国家生物经济发展战略思路 …… 13
第四节　面向 2035 的国家生物经济发展战略重点 …… 18
第五节　面向 2035 的国家生物经济发展战略举措 …… 21
第二章　面向“健康中国”的生物经济发展路线图 …… 26
第一节　面向“健康中国”的生物经济内涵外延及发展态势 …… 26
第二节　面向“健康中国”的生物经济发展现状及面临形势 …… 28
第三节　面向“健康中国”的生物经济发展战略构想 …… 34
第四节　面向“健康中国”的生物经济发展重大行动 …… 41
第三章　面向“美丽中国”的生物经济发展路线图 …… 45
第一节　面向“美丽中国”的生物经济内涵外延及发展态势 …… 45
第二节　面向“美丽中国”的生物经济发展现状及面临形势 …… 48
第三节　面向“美丽中国”的生物经济发展战略构想 …… 53
第四节　面向“美丽中国”的生物经济发展重大行动 …… 59
第四章　面向“舌尖中国”的生物经济发展路线图 …… 62
第一节　面向“舌尖中国”的生物经济内涵外延及发展态势 …… 62
第二节　面向“舌尖中国”的生物经济发展现状及面临形势 …… 66
第三节　面向“舌尖中国”的生物经济发展战略构想 …… 71
第四节　面向“舌尖中国”的生物经济发展重大举措 …… 79
第五章　国际生物经济发展动态及前沿趋势 …… 82
第一节　生物技术创新：前沿技术、交叉融合技术不断突破 …… 82
第二节　生物产业供给：供给质量持续提升 …… 88
第三节　生物产品和服务需求：市场需求持续拓展 …… 93
第四节　生物资源保障：传统生物资源保护和生物大数据等

新资源开发并重 …… 98
第五节 生物经济治理体系：顶层设计、监测监管和公众沟通等多措并举 …… 101
第六章 中国生物经济发展态势及区域动向 …… 107
第一节 发展势头喜人：新冠肺炎疫情冲击下生物经济逆势增长 …… 107
第二节 形成广泛共识：发展生物经济成为地方培育新动能的核心政策 …… 109
第三节 应用持续拓展：新应用场景成为生物经济快速发展的助推剂 …… 111
第四节 环境不断优化：生物经济领域改革探索和创新发展不断深入 …… 112
第五节 竞争日益激烈：创新要素和国家级“帽子”的争夺愈演愈烈 …… 114
第六节 认识有待提高：用新理念新办法拥抱生物经济“风口” …… 116
第七章 生物经济发展的文献综述 …… 119
第一节 生物经济概念的兴起与演变 …… 119
第二节 生物经济的主要特征 …… 124
第三节 生物经济发展阶段的判断 …… 125
第四节 生物经济对经济社会发展的影响 …… 127
第五节 促进中国生物经济发展的策略和政策取向 …… 129
第六节 简要总结 …… 131
第八章 生物经济发展的政策述评 …… 133
第一节 中国生物经济相关政策回顾及反思 …… 133
第二节 中国生物经济相关政策与国外的主要差距 …… 142
第三节 新时期中国生物经济政策展望 …… 146
参考文献 …… 151
附录 关于生物经济相关政策文件库的说明 …… 155

第一章　面向 2035 的中国生物经济发展战略

内容提要：全球正处于生物经济快速成长期的重要关口，中国具有资源禀赋好、市场空间大、人才储备厚、产业体系相对完善及新型举国体制等优势，但在制度设计、生物资源保护开发、产业创新力和竞争力、重大问题争端解决机制等方面存在不少短板。要加快部署国家生物经济发展战略，开启建设生物经济强国新篇章，为统筹发展和安全、培育疫后经济高质量复苏活力、参与新兴领域全球治理提供有力支撑。

随着全球新一轮科技革命和产业变革蓬勃兴起，生物技术与数字技术深度融合并加速向各领域广泛渗透，带动人类社会生产生活方式发生深刻转变。尤其是面对这场前所未有的新冠肺炎疫情防控阻击战，社会各界对生命科学的重视、对生物技术产品和服务的需求、对提高国家生物安全治理能力的迫切都达到了空前高度。新形势下，生物经济时代序幕很可能在“十四五”时期全面拉开，助推生物经济成为继农业经济、工业经济、信息经济之后，推动人类社会永续发展的全新经济形态，这与中国开启全面建设社会主义现代化国家新征程、向第二个百年奋斗目标进军形成历史性交汇（姜江，2020）。为此，必须审时度势，把握难得的窗口机遇期，加快部署国家生物经济发展战略，为满足人民日益增长的美好生活需要、建设高质量的现代化经济体系、完善共建共治共享的社会治理制度、构建人类命运共同体提供有力支撑。

第一节　生物经济的内涵特征及其时代意义

生物经济被认为是继农业经济、工业经济、信息经济之后，推动人类社会永续发展的全新经济形态。全球正处于生物经济快速成长期的重要关口，加快发展生物经济成为世界各国共识，是实现经济社会高质量发展、把握未来竞争主动权、保障国家安全的重要手段。

一、内涵特征

关于生物经济的概念缘起，早在 19 世纪 70 年代，著名经济学和未来学家尼古拉斯·罗根、胡安·卡博特和罗德里格·马丁就对生物经济理论进行分析，但他们所提出的生物经济并非现代生物经济概念，而是指“现代生命科学突破所推动的经济”（邓心安等，2018）。20 世纪中叶以来，以 DNA 双螺旋结构发现（1953 年）、人类基因组破译完成并发表（2000 年）等重大事件为标志，学术界开始对生物经济的内涵外延、生物经济时代的阶段划分等问题进行大量探讨，代表性观点是里夫金（2000）和奥利弗（2003）的有关论述。里夫金在 1998 年出版的《生物技术世纪》指出，信息科学和生命科学经历了 40 多年平行发展后，正融合成为一股强有力的经济和技术力量，这股力量奠定了生物技术世纪的基础，以基因技术为核心的生物技术将重塑一个新时代。奥利弗在 1999 年出版的《即将到来的生物物质科技时代》中指出，生物技术崛起可能在未来几年内将网络经济从衰落中挽救出来，形成一个以往任何时代增长速率都无法比拟的发展阶段。进入 21 世纪，中国产学研各界对生物经济的内涵特征、生物经济时代的主要标志及历史演进等问题进行了广泛探讨。代表性观点认为，生物经济是指建立在生命科学和生物技术研究开发与应用基础上，对生物资源进行合理配置和使用，以生产生物技术产品或提供服务，来满足人类对健康医疗、农业生产、食品加工、可再生能源或环境保护等方面需求，并形成相应规模产业和物质生产、分配、交换、消费模式（潘爱华，2003；王宏广，2003，2005；邓心安等，2013b；王昌林和韩祺，2017；姜江，2020）。潘爱华（2020）认为，生物经济是由瘟疫传播、生物恐怖等重大事件所引起的，蔓延到产业、经济、社会等各个领域产生的新变化、形成的新模式。

关于生物经济的内涵外延，应从科技基础、经济特征等方面对生物经济进行更为准确描述，即生物经济是以生命科学、生物学理论为基础，以现代生物技术进步和普及应用为特征，以保护、开发、配置、使用生物资源并提供生物技术产品和服务为内容，形成相应生产、流通、交换、分配模式及制度体系的新经济形态。生物经济不能简单等同于生物医药或者生物产业，其覆盖制药、医疗器械、生物农业、健康食品、资源环保、健康服务等领域，涉及科技创新、产业发展、民生保障、资源环境、改革开放、国家安全等经济社会诸多方面（图 1-1）。

关于生物经济的主要特征，已有文献主要基于工业经济、信息经济进行比较分析。奥利弗（2003）指出，以往工业经济、信息经济相关的新科学技术，改变的仅仅是我们的生活，而生物经济相关的革命性技术，将最终从根本上改变人

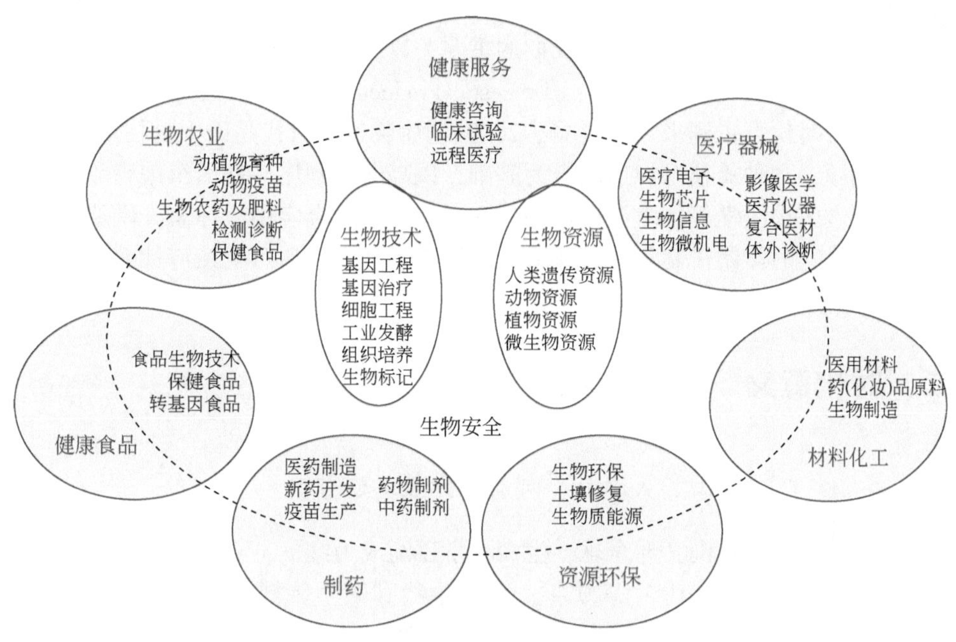

图 1-1　生物经济的主要范畴

类。陈竺（2004）认为，生命科学和生物技术对人类社会的影响，可能要远远超过信息技术。有别于农业经济、工业经济、信息经济，生物经济具有资源依赖性、技术通用性、知识密集性、产品多样性、政策敏感性等鲜明特征。随着生物经济的加快发展，生物资源将上升为各国核心战略资源，生物技术将与信息技术一并成为衡量国家综合实力的关键底层技术（邓心安，2018a）。生物经济的跨领域特征导致政策体系庞杂，涉及生命健康的药物研发等关键领域一直受到严格监管，基因编辑等前沿新兴生物技术开发应用更是面临伦理困境。这也导致生物技术产品和服务供给存在明显的“三高一长”特征，即门槛高（对临床开发的专业知识、质量管理、监管合规等要求很高）、投入高（新药研发往往要投入数亿美元）、风险高（每十个进入临床开发的在研药物人约只有一个成功）、周期长（新药研发周期平均要六年）。

关于生物经济的发展阶段，已有文献基本共识是可以划分为孕育、成长和成熟三个阶段，以 1953 年 DNA 双螺旋结构发现和 2000 年人类基因组破译完成并发表为标志，2000 年后全球生物经济进入成长阶段，但对于生物经济成长阶段何时结束、成熟阶段何时到来尚未有一致认识（李嘉和马兰青，2012；周肇光，2015；王宏广等，2018）。考虑到 21 世纪以来全球生物技术进步速度持续加快、应用领域持续拓展、高性价比生物技术产品和服务日益深入生产生活方方面面，以及国际上围绕生物资源开发、利用、生产、交换的模式和制度体系不断完善，目前全球生物经济正处于快速成长期的重要关口。当生物技术直接和间接带动的产业规模在国内生产总值（Gross Domestic Product，GDP）的占比过半时，意味着生物经济时代真正到来（潘爱华，2020）。生物经济时代是以生物技术与信息、材料、能源、育种等技术加速融合为基础，以高通量测序、基因组编辑、生物信息分析、微生物组学等技术群体性突破和广泛交叉融合应用为标志，围绕生物资源配置形成新的体制机制和政策体系，引发人类生产生活乃至经济社会深刻变革的新历史时期。

二、时代意义

（一）生物经济勾勒人类社会可持续发展美好蓝图

生物技术革命浪潮席卷全球，生命科学逐渐成为继信息科学之后世界科学研究最为活跃的领域。2010～2020 年，全球生物和医学领域发表论文数量接近自然科学论文总数一半，《科学》杂志评选出的 2020 年十大科学突破中，一半以上与生物技术有关。全球研发百强企业中，生物医药行业占近三分之一。近年来，基因测序、基因编辑等生命科学通用目的技术快速发展，成本正以超过摩尔定律的速度下降，现代生物技术逐渐走进千家万户，带动生物产业快速发展壮大，生物经济美好蓝图跃然在目。特别是现代生物技术不断向医药、农业、化工、材料、能源等领域渗透应用，为人类应对疾病、环境污染、气候变化、粮食安全、能源危机等重大挑战提供了崭新的解决方案，在推动经济社会可持续发展方面发挥重要引领作用。再生医学、细胞治疗等前沿新兴生物技术加快应用，心脑血管、癌症、慢性呼吸系统疾病、糖尿病等将被相继攻克，极大限度地提升人类健康水平、延长人类预期寿命。育种技术与全基因组选择、基因编辑、高通量测序、表型组学等跨领域技术加快融合，将有效保障粮食供给，改善生态环境。生物合成法、生物基材料等技术广泛应用，生物制造产品在未来十年将逐渐替代三分之一的石油化工、煤化工产品，将为人类绿色生产和生态环境修复创造更好条件。中国作为世界第二大经济体和第一大人口总量、第一大粮食总产量及第三大陆地国土面积国家，生物资源丰富，市场潜力巨大，具备条件和潜能成为生物技术革命浪潮的领航者，必将在生物经济时代大有作为。加快发展生物经济，将极大限度助推“健康中国”“美丽中国”等重大战略实现，为满足人民日益增长的美好生活需要、构建人类命运共同体、推动人类社会永续发展提供有力支撑。

（二）生物经济成为未来大国科技经济战略核心内容

伴随生物经济时代加速演进，美国、欧盟等发达经济体纷纷研究、颁布并实施国家层面的生物经济发展战略（徐晓勇和雷冬梅，2012；王宏广等，2018）。德国继《2030 年德国生物经济战略研究：通往生物经济之路》（2011 年 11 月）之后又发布新版《国家生物经济战略》（2020 年 1 月），欧盟先后发布《持续增长的创新：欧洲生物经济》（2012 年 2 月）、《欧洲可持续发展生物经济：加强经济、社会和环境之间的联系》（2018 年 10 月），美国继《国家生物经济蓝图》（2012 年 4 月）之后陆续发布工程生物学、医疗创新政策等专项法案以及《为未来生物技术产品做好准备》（2017 年 3 月）、《美国生物经济发展建议：最大限度支撑经济增长和国家安全》（2019 年 7 月）、《保护生物经济》（2020 年 2 月）等。正如德国生物经济理事会发布的《生物经济政策：七国集团战略概览与分析》（2017 年 11 月）所描述的，"近年来，生物经济的实用性和巨大发展潜力在全球得到广泛认可。生物经济政策已成为全球发达经济体经济政策的核心内容。"各国依据本国资源、技术和产业储备等，实施了生物经济发展的不同路径和政策手段。例如，法国、加拿大、意大利、英国等，主要结合本国生物资源禀赋、能源供给特征和工业转型需求等，确立了生物基材料、生物能源等重点领域生物经济发展策略，美国 2017 年用于生物医药领域的研发预算已占非国防研发投入近一半。可以预见，未来世界各国围绕生物资源、技术、人才、资本的争夺将愈演愈烈。在生物经济时代背景下，生物经济将成为大国科技经济竞争的主要竞争领域：信息经济时代，发达国家和欠发达国家之间的差距是效率和效益，体现为"数字鸿沟"；生物经济时代，这种差距将表现为食品资源能源的供给、生存质量的高低、生命权利的归属乃至物种的优劣，影响到"物竞天择"等自然规律。中国正处于转变发展方式、优化经济结构、转换增长动力的关键时期，面对扑面而来的生物经济发展大潮和主要国家竞相布局的全球态势，必须迎头赶上，主动融入，加快抢占生物经济发展制高点。

（三）生物经济赋予国家安全新的内涵和使命

伴随合成生物、基因编辑、神经科学等前沿生命科学和生物技术的快速发展，国际安全形势发生深刻变化，传统国家安全已突破陆、海、空、天、电等疆界，生物安全成为维系民族昌盛、国家富强的生命线（刘杰等，2016）。国际生物安全形势严峻，生物武器研发屡禁不止，针对特定种族群体的人种武器、基因武器具有很强致命性和传染性，杀伤面积大、危害时间长且难以被发现。据统计，全球已有 20～30 种可作为现代生物战剂的病原体微生物、毒素。进入 21 世纪以来，禽流感、埃博拉病毒、寨卡病毒等国际关注的突发公共卫生事件（Public Health Emergency of International Concern，PHEIC）频发，累计经济损失达到数万亿美元，并造成严重的社会危害。外来物种入侵事态多发，新技术被滥用，生物恐怖风险增加，实验室生物安全漏洞颇多，基因资源流失现象时有发生，围绕生物资源跨境流动、生物技术跨境开发及应用的争端日益增多，维护国家生物安全已刻不容缓。2018 年 9 月，美国首次发布全面解决各种生物威胁的系统性战略《国家生物防御战略》，提出增强生物防御风险意识、提高生物防御单位防风险能力、做好生物防御准备工作等五大目标。当前，人类正经历第二次世界大战结束以来最严重的全球公共卫生突发事件，这次新型冠状病毒肺炎疫情也是中华人民共和国成立以来中国遭遇的传播速度最快、感染范围最广、防控难度最大的公共卫生事件。习近平总书记强调，“要从保护人民健康、保障国家安全、维护国家长治久安的高度，把生物安全纳入国家安全体系，系统规划国家生物安全风险防控和治理体系建设，全面提高国家生物安全治理能力”。党的十九届五中全会提出，要统筹发展和安全，建设更高水平的平安中国，并把强化生物安全保护纳入国家安全战略。新的时代背景下，只有加快发展生物经济，不断提高防范生物安全风险的能力，加快构建适应生物经济时代的国家安全体系，才能有效防范生物威胁、管控生物风险，维护国家主权安全和发展利益，实现全球安全治理现代化和人类长治久安。

第二节　中国培育发展生物经济的战略分析

培育发展生物经济，既需要最大限度占有生物资源、掌握前沿技术，也需要庞大的市场空间、强大的人力储备和完善的产业配套作为支撑（姜江，2020）。中国培育发展生物经济具有资源禀赋好、市场空间大、人才储备厚、产业体系完善及新型举国体制等优势，能够尽快形成生物经济繁荣发展的良好局面，但在制度设计、资源开发、产业创新力和竞争力、重大争端解决机制等方面仍存在不少短板，还需要以辩证思维看待国内外环境深刻变化对生物经济发展带来的新机遇和新挑战。

一、具备五大优势

（一）资源禀赋优势

在以化石燃料为核心能源供应的工业经济、信息经济时代，石油、矿产、天然气等是经济社会发展的基础资源。中国资源总量大、种类全但人均少，质量总体不高，空间匹配性差，近年来石油、铁矿石、铜、铝、钾盐等大宗矿产资源的国内保障程度不足一半。迈入生物经济时代，谁拥有生物资源，谁就拥有了发展基础，生态系统和遗传资源将成为最宝贵的战略资源。中国是全球生物资源最丰富的国家之一，地球陆地生态系统和大海洋生态系统完善，高等植物拥有量居世界第三位，脊椎动物种类占世界总种数的 13.7%，已查明真菌种类占世界总种数的 14%。中国生物遗传资源丰富，是世界上家养动物品种最丰富的国家之一，果树种类居世界第一，是水稻、大豆等重要农作物的起源地。中国是统一的多民族国家，人类遗传资源和病理资源繁复多样，拥有全球生物样本资源最多、基因信息数据库最先进、生命科学研究支撑力最强的基因库之一；2019 年全国医疗卫生机构总数超过 100 万个、总诊疗人次达到 87.2 亿人次，具有发达国家难以企及的庞大临床资源，这都将为生物经济的发展和繁荣提供更多的资源条件和机会空间。

（二）市场潜力优势

增进民生福祉是发展的根本目的，生物经济时代更为强调以人为核心。中国拥有规模宏大的人口基数，随着“健康中国”“美丽中国”等国家战略的不断推进，人民群众延续寿命、提高生存质量的需求日益增长，这为生物经济发展提供了更为广阔的市场空间。一方面，党的十九届五中全会提出，到 2035 年将建成健康中国。中国人口总量已超过 14 亿人，2019 年全国居民人均预期寿命达到 77.3 岁、人均卫生总费用为 4656.7 元、卫生总费用占 GDP 的比例为 6.6%。但中国人均健康支出水平偏低，仅为美国、日本、德国等发达国家的 5% ~10%。随着“健康中国”行动的深入实施，未来一段时期人民群众对生命健康产品和服务的巨大需求将持续释放。另一方面，党的十九届五中全会提出，到 2035 年美丽中国建设目标基本实现。2020 年，中国 GDP 突破 100 万亿元，人均 GDP 突破一万美元，但工业、农业、能源等领域转型发展仍然任重道远。加快形成绿色生产生活方式，迫切需要中国加速发展生物育种、生物制造、生物能源等绿色生产和消费方式，这都为生物技术、产品和服务的应用推广提供了广阔的市场空间。

（三）人力资源优势

生物经济是 21 世纪创新最为活跃、影响最为深远的新经济形态，大规模高质量的人才供给是发展生物经济的第一资源。近年来，中国人才培养和引进规模稳步增长，人才结构不断优化，为生物经济发展持续释放人才红利。一方面，中国每年本科及研究生毕业生近 800 万人，大规模、高层次的人才供给，为生物经济发展输送了源源不断的专业技术和行业管理人才。另一方面，中国创新发展不断加快和综合国力持续增强，特别是跨国制药企业将生产基地转移到中国以及中国本土生物医药企业的加速涌现，为多年来苦于报国无门的华裔精英提供了大展身手的发展舞台，海归人员成为中国生物医药行业人才的重要补充。在人才红利驱动下，中国已成长出华大基因、迈瑞医疗、联影医疗、药明康德等一批创新型高成长企业。随着人才红利和市场空间的进一步释放，未来中国生物领域有望继续成长出更多创新型行业领军企业、独角兽企业和瞪羚企业，这将广泛吸引生物领域海外留学生、科学家、行业领军人才及跨领域行业高管回国发展。

（四）产业基础优势

一是突破了一批前沿重大技术。中国自主开发的重组戊型肝炎疫苗、Sabin 株脊髓灰质炎灭活疫苗、肠道病毒 71 型灭活疫苗等创新疫苗全球领先，埃克替尼、康柏西普等国产创新药物成功上市，从中药中研制的青蒿素获得中国第一个自然科学领域的诺贝尔奖，超级稻、基因检测等部分生物技术产品和服务已处于世界第一梯队，细胞工厂构建、绿色生物制造工艺等核心技术取得重要突破，生物技术与人工智能加速融合，以生物技术为基础的经济社会发展新形态正在形成（国家发展和改革委员会创新和高技术发展司和中国生物工程学会，2020）。

二是推动了一批重大改革举措。药品医疗器械审评审批制度、国家医保制度等一系列重磅改革加快推进，大批 1.1 类新药（即未在国内外上市销售的药品，其通过合成或者半合成的方法制得原料及其制剂）呈现历史性突破获批上市，多款创新药入围《国家基本医疗保险、工伤保险和生育保险药品目录》（以下简称医保目录），带量采购继续扩围，医药企业创新动力不断加强。科创板开市为尚未盈利的生物医药企业融资提供了新途径，截至 2019 年 12 月底共有 70 家科创公司完成 IPO，其中医药相关企业达到 14 家、占比达到 20%，融资总额近 200 亿元。《农业转基因生物标识管理办法》《农业转基因生物进口安全管理办法》《关于促进生物质能供热发展的指导意见》《中华人民共和国生物安全法》等一系列政策措施出台，进一步规范了生物经济相关领域的市场秩序。

三是形成了完善的生物产业体系。中国已形成 22 个国家生物产业基地，具备从医药中间体、原料药、辅料、包材到制剂的完整产业链，以及新药研发从化合物设计、筛选、临床前评价、临床研究到产业化的完整研发链，成为全球第一大原料药出口国、第二大药品和医疗器械消费市场、重要的药品研发服务贸易出口国。2019 年，中国医药工业实现营业收入 2.6 万亿元，原料药出口量跨越千万吨级门槛，可生产化学药品种约 5000 个、生物药近 2000 个、中药超万个，经营四十四大类、几十万个规格的医疗器械产品，基本涵盖了所有疾病诊疗领域。

（五）新型举国体制优势

中华人民共和国成立 70 多年来的实践证明，全党全军全国各族人民在党中央坚强领导下，能够围绕共同的目标，集中各方面力量，调动各方面资源，全国一盘棋、上下一条心，高效有力地办成一件件大事，这是中国特色社会主义制度和国家治理体系的鲜明特点和显著优势。这次新冠肺炎疫情防控更是对治理体系和治理能力的一次大考，与全球累计确诊病例突破两亿例、美国累计确诊病例一度全球最多且疫情近乎失控形成鲜明对比，中国新型冠状病毒肺炎疫情防控取得重大战略成果，经济社会恢复走在全球前列，再次彰显了中国共产党领导和中国特色社会主义制度的显著优势。通过对疫情防控工作的统一领导、统一指挥、统一行动，中国打响了疫情防控的人民战争、总体战、阻击战，特别是组织 29 个省市区和新疆生产建设兵团、军队等调派 330 多支医疗队、41 600 多名医护人员驰援，坚决打赢湖北保卫战、武汉保卫战，充分彰显了新型举国体制在应对重大突发公共卫生事件的显著优势[①]。未来，决策部署快、统筹协调强、贯彻落实好的新型举国体制优势，在加快生物技术研发攻关、强化公共卫生和疾控体系、构建以国内大循环为主体的新发展格局等方面，仍将具有强大生命力。

二、存在五个短板

（一）统筹协调和顶层设计不到位

生物经济发展涉及科技、卫生、国防、工业、农业、食品、能源、环境、法律、伦理等方方面面，其“三高一长”的行业特征及跨界融合发展趋势对政府统筹协调及创新监管都有很高要求。美国 2012 年发布的《国家生物经济蓝图》，不仅详细刻画了生物经济时代的今天和未来，全面描述了生物经济在医学、工业、能源、农业等领域的应用场景，还指出生物经济政策的关键是要强化底层技术研发，促进研发成果转移转化，减少制度性障碍，培育生物经济劳

① 见新华社 2020 年 2 月 24 日发布《习近平：在统筹推进新冠肺炎疫情防控和经济社会发展工作部署会议上的讲话》

动力，加强公私伙伴协作等。经济合作与发展组织（Organization for Economic Co-operation and Development，OECD）、欧盟等发布的生物经济战略，针对生物经济时代新技术、新产品、新服务以及消费者需求等可能的应用场景，联合不同部门、产学研各方进行了详细的政策设计，部署了重点任务和专项行动计划。与此形成鲜明反差，中国尚未出台目标明确、面向中长期的国家生物经济发展战略，政府部门之间统筹协调不够顺畅，“头痛医头、脚痛医脚”的情况时有发生。

（二）政策环境和制度体系不适应

中国尚未建立长期、稳定、高效的生物经济法律和政策保障环境，由于旧的制度不适应新的技术、产品和服务的发展需要，生物经济培育壮大过程中屡屡遭遇制度障碍，“一管就死、一放就乱”的监管问题始终难以有效解决。例如，生物技术药物往往价格昂贵，部分消费者难以负担，而传统医疗支付体系过多依赖国家财政，也难以担负庞大的医药开支，导致新研发的生物技术药物无法惠及民生福祉，迫切需要建立多种类商业保险共同分担医疗开支的新型支付体系。再如，尽管全球育种技术应用飞速拓展，转基因农作物种植面积持续扩大，但中国转基因农作物产业化问题却久拖不决，公众获取信息渠道单一，各方质疑声音不断，亟待建立利益相关方共同参与的重大问题协商解决机制。可以预见的是，类似“转基因”等的生物新技术、新产品应用场景将越来越多，个体化治疗、人工智能诊断、合成生物食品等对公众传统认知的挑战将更加频繁，这都需要强化前瞻性制度设计和政策保障。

（三）原创研发和技术基础不扎实

生物经济发展需要强大的理论支撑和坚实的科技基础，但与发达国家和部分新兴国家相比，中国生命科学、生物学理论发展滞后，生物产业创新力和竞争力仍较薄弱（王昌林和韩祺，2017）。美国 2018 年科学工程技术指标数据显示，中国虽为全球最大论文输出国，但生命科学论文数量不及工程科学的一半，而欧盟该比例显示两者旗鼓相当，美国生命科学论文数量远高于工程科学。中国生物医药领域基础研究和企业研发投入明显不足，与发达国家 10% 以上的研发强度相距甚远。中国生物产业核心技术、部件、中高端设备和材料严重匮乏，发酵产业核心菌种几乎被国外企业垄断，高通量测序仪、大规模生物反应器、流式细胞仪等严重依赖进口。中国生物企业普遍小而散，如种业龙头企业规模与拜耳孟山都、陶氏杜邦等“航母级”企业差距甚远，前十大种业企业销售额占国内市场份额不到 20%。中国生物技术、产品和服务水平亟待提高，如癌症患者五年生存率美国为 67%，而中国仅为 37%。

（四）生物资源开发和保护不完备

生物经济是高度依赖生物资源的经济形态，对如何发现、保护和利用生物资源提出了更高要求。以基因、细胞、种子资源为代表的生物资源是国家战略资源，也是中国参与未来生物经济全球竞争的源头所依、命脉所在。美国、欧盟、日本等发达国家和地区组织先后建立了大型生物资源样本库、数据库等重大科技基础设施及相关法律法规，还通过收购兼并、科研合作、仪器“后门”等手段获取他国基因、细胞、种子等生物资源和相关数据，有些生物医药跨国企业将独有的生物资源“抢注”专利并利用专利排他性对他国生物遗传资源实施控制，积极构筑生物经济时代的新竞争优势。与此形成强烈反差，具有中国特色的生物资源、样本和数据还没有得到充分挖掘和保护，国家生物资源遗传库、国家健康医疗大数据中心等生物资源共享和服务能力较弱，尚未形成统一管理、互通共享的资源数据平台体系，难以将中国丰富的生物资源和数据进行有效管理和合理利用。若不加以重视，生物经济时代中国经济社会发展将成为无源之水、无本之木。

（五）伦理探讨和公众参与不充分

由于生物技术将极大限度作用于人类本身，有关生物安全、伦理道德、价值观念等问题，自 20 世纪中叶就引起了国际社会的普遍关注。美国早在 1974 年就成立了国家生命伦理委员会，密切关注社会多元化利益与价值存在，形成公共政策公众参与机制，致力推动生命科技为保护和促进人的幸福、安康服务。联合国教育、科学及文化组织于 2005 年通过《世界生物伦理与人权宣言》，鼓励各国创建伦理委员会，开展生物伦理教育、培训和宣传。中国相关领域发展步伐明显滞后于发达国家，2016 年 9 月才颁布《涉及人的生物医学研究伦理审查办法》，2016 年 12 月组建国家卫生计生委医学伦理专家委员会。未来，随着克隆技术、基因编辑、合成生物技术等新技术新业态加速涌现，生物伦理教育宣传工作亟待推进。目前，中国尚缺乏对生物伦理问题的前瞻性研究和制度性安排，迫切需要未雨绸缪，提升公众对生物技术产品的认知度。

三、面临复杂形势

（一）国际科技经济合作格局深刻调整

当今世界正经历百年未有之大变局，新冠肺炎疫情全球大流行使这个大变局加速变化，国际力量对比深刻调整，大国战略博弈持续升级，错综复杂的国际环境将给中国加快发展生物经济带来新矛盾、新挑战。全球产业链供应链因非经济因素面临冲击，部分发达国家阻断全球供应链创新链和严防技术外溢，美国持续施压力促中美科技“脱钩”，这些将极大削弱中美以及中国与全球合作共赢的创新链产业链牢固性。美国联邦政府以国家安全为由，越来越多地限制中国公司接触美国软硬件技术，并限制中国高科技产品进入美国市场，甚至在《美国对中国的战略方针》（2020）中否定了过去 40 年对华接触政策，要对中国开展长期战略竞争，中美知识产权、高技术产业投资与贸易领域可能呈现长期激烈竞争和冲突态势。美国民间机构陆续发布报告称要警惕中国正在崛起的若干生命科学领域巨人企业，要抑制中国正在开展的系列海外并购、技术跨境合作等。美国生物医药龙头企业通过加大专利诉讼频次和力度等手段遏制中国生物企业发展壮大，揭开了中美生命科学领域科技争端的帷幕。近期为防止本国核心技术外泄，美国联邦政府甚至对中国籍生物专业人才入境采取限制手段，中国对美国生物技术领域投资并购行为的审查周期被延长至 6 ~ 9 个月。可以预见，“十四五”乃至今后一个时期，相对宽松稳定的国际科技经济合作模式难以延续，加上中国对外技术合作面临“天花板”，技术并购阻碍重重、技术引进空间有限，这将给中国更好融入全球生物经济创新生态圈、加速生物技术创新及产业化带来消极影响。

（二）国内国际市场空间加速重塑

党的十九届五中全会提出构建以国内大循环为主体、国内国际双循环相互促进的新发展格局，强调这是与时俱进提升中国经济发展水平的战略抉择，也是塑造中国国际经济合作和竞争新优势的战略抉择，为中国更好地坚持统筹国内国际两个大局加快发展生物经济指明了方向。从国内看，通过发挥中国特色社会主义制度能够集中力量办大事的显著优势，依托中国超大规模市场和完备产业体系，加快创造有利于生物新技术新产品大规模快速应用和迭代升级的独特优势，把握新冠肺炎疫情下生物经济逆势增长和市场前景持续向好的发展态势，乘势而上发展壮大生物经济新动能。要把满足国内需求作为生物经济发展的出发点和落脚点，提升供给体系对国内需求的适配性，完善生物新技术新产品示范应用的政策支撑体系，打通生物经济循环堵点，形成需求牵引供给、供给创造需求的更高水平动态平衡。从国际看，依托中国大市场优势实行高水平对外开放，以国内大循环更好吸引全球资源要素，促进内需和外需、进口和出口、引进外资和对外投资协调发展，开拓生物经济国际合作新局面。要立足以多双边为基础、服务六大经济走廊和沿线支点国家的“一带一路”卫生交流合作，统筹疫情防控和“一带一路”建设，扎实推进健康丝绸之路建设，构建人类健康命运共同体，构筑互利共赢的生物经济产业链供应链合作体系。

第三节　面向 2035 的国家生物经济发展战略思路

我国要锚定到 2035 年基本实现社会主义现代化远景目标，把握生物经济的内涵特征及其发展规律，立足培育发展生物经济的优势条件和短板制约，以及国内外环境深刻变化带来的新机遇新挑战，提出面向 2035 国家生物经济发展的总体构想、愿景目标、主攻方向和战略部署（图 1-2）。

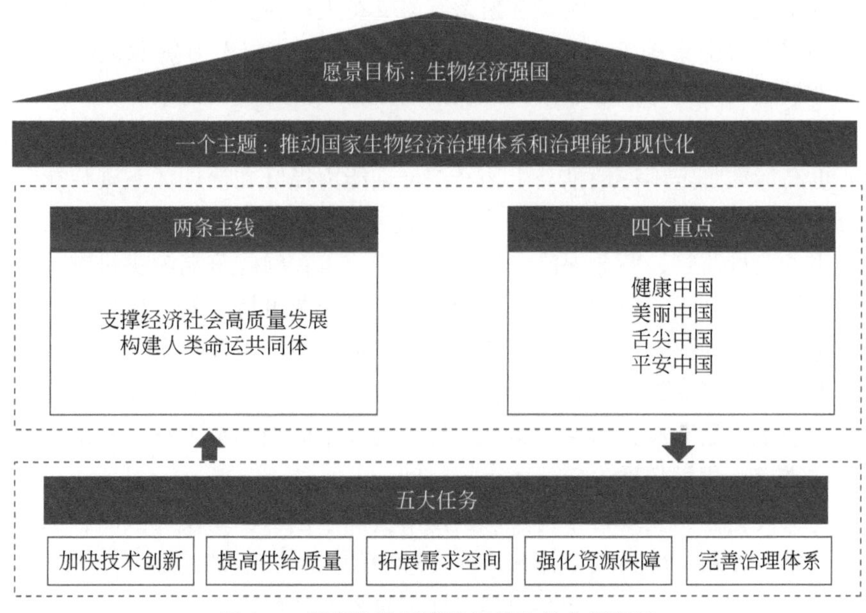

图 1-2　国家生物经济发展战略的分析框架

一、总体构想

生物经济时代序幕渐启，恰逢中国站在全面建成小康社会、实现第一个百年奋斗目标的新历史起点上，与中国开启全面建设社会主义现代化国家新征程、向第二个百年奋斗目标进军形成历史性交汇。谋划面向 2035 的中国生物经济发展战略，要锚定到 2035 年基本实现社会主义现代化远景目标，抢抓新一轮科技革命和产业变革深入发展的重大机遇，以推动国家生物经济治理体系和治理能力现代化为主题，以支撑经济社会高质量发展、构建人类命运共同体为主线，面向

“健康中国”“美丽中国”“舌尖中国”“平安中国”等国家重大需求，坚持以人为本、改革护航、科技自立、系统观念，加快生物技术研发攻关，提高生物产业供给质量，拓展生物经济需求空间，强化生物资源保护开发，完善生物经济治理体系，建成生物经济强国，助推全面建设社会主义现代化国家，助力“两个一百年”奋斗目标和中华民族伟大复兴中国梦实现。

坚持以人为本，增进民生福祉。顺应生物技术正在并将继续深刻改变生物界生命本体演进规律的大趋势大方向，面向生物产业发展事关人类健康、绿色发展、经济可持续、社会长治久安等重大需求的客观实情，推动生物技术在更高层次、更广范围上赋能经济社会高质量发展。坚持以人民为中心，发端于人民群众、服务于人民群众，以生物经济繁荣有力支撑人民对美好生活的向往。把握生物经济知识智力密集等基本特征，最大限度地挖掘中国人力资源供给丰厚的优势，想方设法集聚人才，依靠人民群众谱写生物经济时代新篇章。

坚持改革护航，营造良好生态。秉承大胆探索、勇于开拓的创新精神，以更大决心更高标准坚定不移地推动生物经济治理能力提升和治理体系现代化。面向生物资源保护开发、生物技术研发、生物技术产品和服务提供，在准入、定价、产品和服务质量监管、商业保险、税收、安全、重大问题争端解决机制等方面积极开展体制机制创新。持续完善有利于生物经济繁荣可持续的人文生态，强化知识产权保护，推动科技成果转化，营造有利于最大限度汇聚资金、人才等创新要素的制度环境。建立健全生物技术新产品新服务新业态配套服务体系，加大政府采购生物技术产品和服务力度，实施一批生物技术应用示范工程，深度挖掘生物经济潜在需求，积极拓展生物经济市场空间。

坚持科技自立，实现自主可控。贯彻落实国家创新驱动发展战略，深刻认识生命科学领域在新一轮科技革命和产业变革中的战略性基础性地位，客观把握生物技术进步和创新趋势、方向和规律，面向世界科技前沿、面向经济主战场、面向国家重大需求、面向人民生命健康，构建自立自强的生物技术创新体系。立足中国生命科学研究积累和生物产业基础，夯实生命科学研究基础，加大重要产品和关键核心技术攻关力度，集中资源推动应用开发研究，实施“卡脖子”技术清零工程，发展先进适用技术，强化重点领域重大创新平台支撑力，持续提升生物技术产品和服务供给质量和水平，加快形成具有更强创新力、更高附加值、更安全可靠的产业链供应链。

坚持系统观念，推动包容开放。对标发达经济体生物经济发展战略，加强前瞻性思考、全局性谋划、战略性布局、整体性推进，坚持统筹国内国际两个大局、发展安全两件大事，强化生物经济发展的顶层设计和统筹协调。恪守人与自然和谐共生、互融互促客观规律，统筹生物资源保护、开发和利用，坚决维护生物多样性和生态安全。顺应人类命运共同体构建需求更加迫切的大趋势，坚定维护生物经济发展的全球化进程，更多发挥国内市场广阔、人力资源储备和生物资源丰厚等优势，创新形式开展国际合作，积极吸引海外生物领域先进技术、人才和资本等创新要素。

二、愿景目标

党的十九大对实现第二个百年奋斗目标作出分两个阶段推进的战略安排，面向 2035 国家生物经济发展战略目标与 2035 年基本实现社会主义现代化远景目标形成历史性交汇。要立足中国当前生物科技实力、生物产业基础、生物资源储备等，结合当前重大突发公共卫生事件爆发风险倍增、国际科技经济合作正在发生趋势性变化等新形势和“六稳六保”工作新要求，实现中长期目标和短期目标相贯通、全面规划和突出重点相协调。其中，第一个五年（到 2025 年）是补足短板、夯实基础阶段，要密切对接国际前沿，客观把握中国优势和差距，统筹新冠肺炎疫情防控和经济社会发展工作，强化顶层设计和战略部署，明确主攻方向和突破口。第二个五年（到 2030 年）是培育需求、优化环境阶段，要立足中国生物经济发展的资源禀赋、市场空间、人力资源储备、产业基础等优势，积极培育需求，以应用促发展，持续优化制度和政策环境。第三个五年（到 2035 年）是创新路径、繁荣生态的阶段，要充分调动全社会各方力量，共同推动生物经济走向深度繁荣阶段，支撑社会主义现代化强国建设，与世界人民携手谱写生物经济发展新篇章。力争通过 5 年时间，使生物经济发展成为现代产业体系新增长极，促进产业链供应链现代化，生态文明建设和民生福祉改善跃上新高度。通过 10 年时间，建成全球生物经济重要一极，部分领域和环节跻身第一方阵。通过 15 年时间，建成基础扎实、特色鲜明、应用广泛、安全有序、制度健全的生物经济强国。

生物经济产业实力迈上新台阶。生物经济成为拉动经济增长和新增就业岗位的主力军，主要涵盖生物医药、生物医学工程、生物农业、生物制造、生物能源、生物环保、生物服务的生物产业产值或主营业务收入规模突破 20 万亿元，生物经济增加值占 GDP 比例达到 15% 以上，生物经济在社会主义现代化国家的战略地位显著提升。

生物经济结构优化取得新进展。生物经济领域形成若干具有行业引领作用的跨国企业集团，年收入千亿元企业超过十家、百亿元企业超过百家，上市公司和独角兽企业大幅增长。生物农业、生物制造、生物能源、生物环保、生物服务等生物产业产值占生物产业总产值比例上升到 30% 左右。生物经济改革创新先行示范区建设取得显著成效，生物产业集群、生物经济特色发展区数量和影响力显著提升。

生物经济科技实力实现新突破。生命健康、脑科学、生物育种等前沿领域关键核心技术实现重大突破，生物经济重点领域实现“卡脖子”技术清零。生物产业研发投入强度达到 8%，部分企业研发投入占主营业务收入比例超过 20%。生物产业创新中心、企业技术工程研究中心等创新平台数量显著增加，生物经济领域发明专利拥有量大幅增加，收入过百亿元的生物技术产品和服务数量超过 50 项。

生物技术融合应用实现新跨越。“健康中国”“美丽中国”建设目标基本实现，现代生物技术广泛惠及生命健康、粮食安全、能源保障、绿色发展，有力夯实国家安全基础，助推“平安中国”建设达到更高水平。生物育种技术替代种业繁育、生物基材料替代传统化学原料、生物工艺替代传统化学工艺等取得显著进展。基因检测、细胞治疗等生物技术产品和服务质量、性价比显著提升。

生物经济治理能力达到新水平。生物经济在生产准入和服务提供、产品和服务定价以及知识产权保护、成果转移转化等体制机制创新方面得到新提升，有利于全球先进技术、人才、资本等创新要素集聚的体制机制和制度环境更加优越。生物经济领域技术市场交易额大幅提升，海外人才入华创业、合作交流人数频次确保稳定在一定水平。生物资源保护、利用、开发体系健全完善，国际国内包容开放、人与自然和谐共生的发展局面基本形成。

三、主攻方向

依据“十一五”“十二五”“十三五”国家生物产业发展规划，生物经济核心产业主要涉及生物医药、生物医学工程、生物服务、生物农业、生物制造、生物能源、生物环保七大领域。面向 2035 的国家生物经济发展的主攻方向，必须紧紧围绕现代生物科技引领新一轮科技革命和产业变革趋势，重点面向人民群众“医”“美”“食”“安”新需求和建设生物经济强国目标，充分考虑生物经济影响渗透的时序和范围，重点构建“3+1+X”的五个体系。

一是构建面向人民健康及高质量生活的生物医药经济体系，满足人民群众提升健康水平的新期待。着眼提高人民群众健康保障能力，重点围绕药品、疫苗、先进诊疗技术和精准医学等方向，进一步提高药品、医疗器械、检验检测等产品和服务供给水平，攻克一批“卡脖子”技术和产品，高端产品及设备国内自给率和产业链控制力明显提升，推动医药卫生体制改革取得积极进展，为疾病防控救治和应对人口老龄化提供新的解决方案，有力支撑建设强大的公共卫生体系和落实“健康中国”战略，不断缩小“健康鸿沟”。

二是构建面向环境友好的生物资源可持续利用经济体系，满足人民群众对美好生态的新期待。着眼实现绿色低碳和可持续发展，重点围绕生物基材料、新型发酵产品、生物环保、生物质能等领域，推动生物资源高效开发、永续利用，加快规模化生产与应用，建立现代生物制造产业支撑技术与装备体系，打造具有自主知识产权的菌种库，实现绿色生物工艺在化工、医药、轻纺、食品等行业大规模示范替代，构建生物质能生产和消费体系，推动环境污染生物修复和废弃物资源化利用，有力支撑“美丽中国”建设，确保生态安全和能源安全。

三是构建面向农业现代化的生物农业经济体系，满足人民群众对食品安全的新期待。着眼保障粮食、重要大宗农产品生产供给以及满足人们营养、健康等日益多元的食物消费需要，重点围绕生物育种、生物肥料、生物饲料、生物农药、动物疫苗等领域，加快推出一批新一代农业生物领航产品，基本建立生物农业政策支持体系和示范推广体系，完善农业种质资源库体系，构建更加完善的安全监管制度，更好保障国家粮食安全、满足居民消费升级和支撑农业可持续发展，全面支撑“舌尖中国”建设，确保人民群众“舌尖”安全。

四是构建面向国家安全的生物经济治理体系，满足人民对生命安全更有保障的新期待。着眼于维护国家长治久安和推进全球生物安全治理，重点围绕国家生物安全风险防控和治理体系建设，完善顶层设计，提升国家生物安全保障能力，构建国家生物安全法律法规体系，全面提高国家生物安全治理能力，积极推动生物安全国际合作，塑造公正合理的世界生物安全秩序，为“平安中国”建设和构建全球“卫生健康共同体”“生物安全共同体”做出更大贡献。

五是构建面向未知的准备体系，为生物科技带来新的可能性留足发展空间。面向世界科技前沿，着眼于前沿生物技术的颠覆性创新方向，积极探索合成生物、生物计算、脑科学等交叉融合方向的“无人区”领域，坚持原创导向，加大基础研究投入，构建“领跑型”科技政策和产业政策，实施更加严格的知识产权保护和执法力度，在遵循伦理道德前提下支持自由探索，营造有利于新技术、新业态、新模式发展的政策环境，抢占先机构筑未来发展新优势，有力支撑创新型国家和现代化经济体系建设。

四、战略部署

围绕建设生物经济强国愿景目标和“3+1+X”五大主攻方向，从加快技术创新、提高供给质量、拓展需求空间、强化资源保障、完善治理体系 5 个方面进行战略部署，推动生物经济发展壮大、深度繁荣。其中，技术创新和制度安排是生物经济发展的两大核心动力，产业供给和市场需求是生物经济发展的两个重要方面，资源保障是生物经济发展的前提条件和后发优势。

一是加快技术创新。坚持创新在生物经济发展中的核心地位，面向“健康中国”“美丽中国”“舌尖中国”“平安中国”等国家重大需求，构建开放共享的创新平台体系，强化企业创新主体地位，实现“卡脖子”技术清零，推动关键核心技术和颠覆性技术创新，厚植未来竞争的技术先发优势，建设生物科技强国。

二是提高供给质量。围绕提高生物经济质量效益和核心竞争力，立足中国产业规模优势、配套优势和部分领域先发优势，提升生物技术产品和服务供给质量，打造产业链供应链优势企业，培育生物医药、生物制造、生物服务等产业集群，强化人才、资金等产业链供应链要素保障，形成具有更强创新力、更高附加值、更安全可靠的产业链供应链。

三是拓展需求空间。围绕形成强大国内市场，推动生物经济深度融入经济社会发展，促进生物技术与信息技术跨界融合，推进生物技术便民惠民应用试点示范，完善新技术、新产品、新产业规模化应用的政策环境和配套支撑体系，支持特色优势产业开拓海外市场，形成需求牵引供给、供给创造需求的更高水平动态平衡。

四是强化资源保障。围绕促进生物资源有效保护与合理开发，建立国家级生物资源数据库和信息系统，提高生物资源保护的制度化、规范化、信息化水平，规范生物资源安全共享，推进生物资源开发由收集、监测向全面评价和综合利用转变，形成生物资源安全有效开发利用的长效机制。

五是完善治理体系。围绕推动国家生物经济治理体系和治理能力现代化，加强跨领域、跨部门的统筹协调，构建包容审慎的监管制度框架和协同配套的政策链条，建立健全生物安全治理保障体系，探索形成合作共赢的国际化发展机制，营造生物经济繁荣发展的良好社会氛围。

第四节　面向 2035 的国家生物经济发展战略重点

我国要围绕面向 2035 的国家生物经济发展的主攻方向和战略部署，考虑生物经济影响渗透的时序和范围，重点聚焦人民群众“医”“美”“食”“安”新需求，引领形成生物经济繁荣发展的良好局面，有力支撑生物经济强国建设（“中国工程科技 2035 发展战略研究”项目组，2019c）。

一、面向“健康中国”的国家生物经济发展路线图

面向“健康中国”的生物经济以生物医药、生物医学工程、生物服务等技

术进步和普及应用为特征，主要提供生物医药技术、健康产品和服务，与人民群众身心健康密切相关，将为解决人类疾病提供崭新的解决方案。以服务民生需求为根本，加大科技基础设施投入，强化管理制度创新，夯实产业基础能力，增强核心技术创新力、关键领域自控力，促进生物技术与数字技术深度融合，激发高端、前沿生物产业成长动能，突破一批“卡脖子”工艺、产品和技术，壮大一批国际一流企业和“单项冠军”，建设一批生物医药与健康产业集群，构筑安全可控的现代生物经济产业链，建成健康中国（“中国工程科技 2035 发展战略研究”项目组，2019b）。

力争到 2035 年，生物医药、医疗技术达到世界先进水平，部分领域处于前沿位置，为全面实现“人人享有健康”战略目标提供技术保障，传染病总体防控能力及应对突发疫情的关键技术居世界领先水平，脑重大疾病预防与治疗技术取得重大进展，中药制剂技术取得创新性突破，建立创新中药的发现方法与设计理论，精准医学实现整体突破和临床应用，基因治疗广泛应用临床治疗，再生医学达到国际领先，生物物理与医学工程研究跻身世界前列，培育形成一批享誉世界的生物医药跨国企业。

二、面向“美丽中国”的国家生物经济发展路线图

面向“美丽中国”的生物经济以生物制造、生物能源、生物环保等技术进步和推广应用为特征，采用绿色生物制造技术，革新传统设计、制造技术和生产方式，为实现资源节约利用、生态环境保护提供新的解决方案。建立现代生物制造产业的支撑技术与装备体系，实现生物制造产业核心技术自主供给；推进生物制造技术在发酵、化工、制药、纺织、饲料、食品等行业的应用，形成绿色产业园区示范；发展高性能生物环保材料和生物制剂，加快高效生物监测、治理、修复及废物利用等成套技术工艺和装备示范应用；加快生物能源替代化石燃料，抢占绿色生物制造产业制高点，建成美丽中国。

力争到 2035 年，生物制造整体科技实力达到国际先进水平，植物蛋白肉品质与结构改良涉及的关键酶制剂等领域形成专利群，人造肉生物制造用食品酶高效制备技术明显提升并实现产业化示范；天然活性产物生物制造技术取得重大进展，建立新型高活性天然产物转化酶系 20 ~ 30 种，获得高活性、高附加值天然产物及其衍生物的自主知识产权工程菌 10 ~ 20 种；藻类规模化培育与能源转化技术应用取得重大突破，膜法生物燃料分离应用示范规模达万吨级，水污染治理、大气污染治理、固体废弃物治理、盐碱土改良与荒漠化治理等领域的生物环保技术应用取得突破。

三、面向“舌尖中国”的国家生物经济发展路线图

面向“舌尖中国”的生物经济指采用现代生物技术手段的农业经济形态，有效解决粮食产量、质量安全、环境污染等农业发展痛点，更好保障国家粮食安全、满足居民消费升级和农业可持续发展需要。以保障粮食安全和重要农产品有效供给、满足人民群众日益提高的“舌尖”需求为出发点，瞄准生物农业发展中原始创新能力弱、企业竞争力弱、技术产业化慢等短板制约，夯实基础研究，突破重大关键技术瓶颈，提升原始自主创新能力，深化科技成果转化体制改革，破除生物农业技术转化政策障碍和舆论制约，示范培育市场需求，建成现代生物农业产业体系。

力争到 2035 年，生物农业领域基础研究、原始创新、技术创新与集成创新能力跻身世界一流行列，农业种质资源表型组学鉴定和优异种质资源筛选技术、动植物功能基因挖掘与分子设计育种技术、靶标特异农药先导化合物设计与合成等关键技术研究走在全球前列，培育形成若干生物农业跨国企业，生物农业技术得到全面普及应用，生物农业成为保障粮食和重要农产品持续增产、农业资源高效可持续利用和农产品质量安全的核心手段。

四、面向“平安中国”的国家生物经济发展路线图

生物安全指国家有效应对生物因子及相关因素威胁，从而保持稳定健康发展、利益相对处于没有危险和不受威胁状态，主要涉及防控重大新发突发传染病和动植物疫情、实验室生物安全管理、人类遗传资源与生物资源安全管理、防范外来物种入侵与保护生物多样性、防范生物恐怖袭击与防御生物武器威胁等，是国家安全的重要组成和平安中国建设的重要内容。从保护人民健康、保障国家安全、维护国家长治久安的高度，把生物安全纳入国家安全体系，系统规划国家生物安全风险防控和治理体系建设，全面提高国家生物安全治理能力。以总体国家安全观为指导，聚集技术创新、监测预警、应急保障、平台建设、资源管理等生物安全治理的关键核心问题，以治理能力提升带动基础研究和应用研究，实施一批重大任务和重大工程，强化政府、社会、机构协同推进，建立健全生物安全治理能力体系，有效维护国家安全和社会稳定。

力争到 2035 年，系统认知各类生物风险因子跨时空的发生发展规律，重点开发个体化、可穿戴的快速识别新技术和新产品，发展以广谱为特质的防控新技术，形成技术和产品全链条自主研发能力，实现应急产品常态化，利用新

一代网络技术建立覆盖全球、全民参与的生物风险因子大数据平台、监测预警网络体系和决策支持系统，生物安全科技水平达到国际领先水平，生物安全治理体系实现现代化，为我国统筹发展和安全、建设更高水平的平安中国提供坚强保障。

第五节　面向 2035 的国家生物经济发展战略举措

聚焦 2035 的国家生物经济发展战略以及面向“健康中国”“美丽中国”“舌尖中国”“平安中国”的国家生物经济发展路线图，系统构建战略引导、资源保藏、协同创新、改革试验、保障支撑五大政策体系，加快实现生物经济强国建设目标。

一、系统构建战略引导体系

一是加强战略部署，加快研究制定出台国家层面的生物经济发展战略，明确近中远期发展的重点方向和突破口，研究制订生物技术创新与生物产业发展路线图。二是加强统筹领导，成立国务院领导任组长的生物经济发展领导小组，成员单位由经济、科技、行业发展与监管、农业、能源、林业、卫生、知识产权、财政金融等部门共同组成。三是加强制度设计，强调目标导向，围绕生物资源开发、利用、生产、分配、交换、消费等，加快布局适应生物经济时代的前瞻性制度框架。

二、系统构建资源保藏体系

一是统筹开展生物资源普查，在全国生物物种资源调查、全国农作物种质资源普查与收集、全国中药资源普查等基础上，研究制定全国生物资源普查计划，建立目标明确、权责分明的生物资源监测、调查和评估体系。二是加快研究编制生物经济科技基础设施中长期规划，在人口健康、动物卫生、检验检疫和生态环境等涉及国家重大利益领域构建生物经济重大科技基础设施。三是完善生物资源共享、交易等规制，积极开展《中华人民共和国人类遗传资源管理条例》《中华人民共和国种子法》《中华人民共和国生物安全法》等法律法规的制定、评估和修订，研究制定生物资源公平交易和共享发展的规则，支持龙头企业围绕国家“一带一路”倡议积极构建生物资源共享联盟，力争主导全球生物资源互联互通。

三、系统构建协同创新体系

一是开展生命健康领域科学前瞻和技术预见活动（表 1-1），精准识别生物科技创新战略重点和优先发展技术清单，有力支撑生物科技创新发展宏观决策和政策制定（“中国工程科技 2035 发展战略研究”项目组，2019c；中国科学院创新发展研究中心和中国生命健康技术预见研究组，2020）。二是强化部署核心技术攻关，抓紧梳理一批符合生物技术发展前沿、符合国家发展战略需求、亟须攻克的关键技术，集中力量组织实施“攻尖”行动，做好“贸易战”升级准备。三是布局建设产业创新平台，在生物药、基因检测、精准医疗、个体化细胞治疗、合成生物、智能辅助诊疗服务、农作物分子育种、生物安全等领域集中资源建设若干创新平台。四是搭建产业创新联合体，以政府资金撬动社会资本，支持由龙头企业牵头，整合产业链创新资源，建设一批企业主体、产学研用深度融合的国家生物产业创新中心。

表 1-1 面向 2035 的中国生命健康领域重要技术预见

排名	技术课题名称	子领域	预计实现年份	预计实现指数	目前领先国家/地区		制约因素	
					第一	第二	第一	第二
1	针对高变异病原体的广谱疫苗的设计和制备技术开发成功	传染性疾病	2028	0.32	美国	日本	研发投入	人力资源
2	新策略抗菌药物研发技术开发成功	创新药物研发	2026	0.35	美国	日本	研发投入	基础设施
3	传染病的广谱预防和治疗药物开发成功	传染性疾病	2026	0.29	美国	日本	研发投入	人力资源
4	基于大数据和人工智能的精准药物设计开发成功	创新药物研发	2027	0.32	美国	日本	研发投入	基础设施
5	针对合成生物威胁因子的相关侦测技术原理阐明和方法建立	生物安全	2026	0.15	美国	英国	研发投入	人力资源
6	用于治疗 PD/AD 等老年神经退行性疾病的干细胞技术得到实际应用	再生医学	2025	0.48	美国	日本	人力资源	基础设施

续表

排名	技术课题名称	子领域	预计实现年份	预计实现指数	目前领先国家/地区		制约因素	
					第一	第二	第一	第二
7	脑机接口在生命健康领域得到实际应用	生命科学与医疗健康设备	2026	0.30	美国	日本	人力资源	法规、政策和标准；研发投入
8	快速起效的抗精神病药物开发成功	精神健康	2027	0.49	美国	日本	研发投入	人力资源；基础设施
9	慢性病发生发展的预测技术得到实际应用	慢性非传染性疾病	2027	0.62	美国	日本	研发投入	人力资源
10	基于人工智能和多网整合技术的卫生应急管理决策体系得到实际应用	卫生应急	2025	0.59	美国	日本	基础设施	研发投入
11	智能化/超高场医学磁共振影像技术得到广泛应用	生命科学与医疗健康设备	2025	0.45	美国	德国	研发投入	人力资源
12	基于干细胞诱导、三维培养和增材制造等技术的体外自体器官制造技术开发成功	再生医学	2026	0.34	美国	日本	研发投入	法规、政策和标准；社会伦理
13	病原组大数据为核心的传染病人工智能监测预警技术得到广泛应用	传染性疾病	2027	0.46	美国	日本	研发投入	人力资源
14	基于跨学科技术的精神疾病预测和诊断模型开发成功	精神健康	2028	0.40	美国	英国	研发投入	基础设施
15	孕期胎儿先天缺陷监测及干预新技术得到实际应用	生殖健康	2024	0.65	美国	日本	研发投入	社会伦理
16	再生医学在治疗肝衰竭、肝硬化、心衰等严重影响国民健康的慢性病中得到实际应用	再生医学	2027	0.59	美国	日本	法规、政策和标准	研发投入
17	生物三维电子显微成像技术得到广泛应用	生命科学与医疗健康设备	2024	0.56	美国	日本	研发投入	人力资源

续表

排名	技术课题名称	子领域	预计实现年份	预计实现指数	目前领先国家/地区		制约因素	
					第一	第二	第一	第二
18	具有边缘技术能力的医疗设备物联网接入终端得到实际应用	人工智能与智慧医疗	2025	0.35	美国	日本	基础设施	研发投入
19	面向未来医学的智能决策支持系统得到实际应用	人工智能与智慧医疗	2025	0.38	美国	日本	法规、政策和标准	研发投入
20	通过干细胞或药物延缓机体衰老的方法开发成功，有效减少衰老相关疾病的发生	再生医学	2025	0.47	美国	日本	法规、政策和标准	社会伦理

四、系统构建改革试验体系

一是依托国家生物产业基地，围绕生物资源开发、生物技术产品和服务供给的准入、定价及重大问题争端解决机制等，积极探索体制机制和政策法规的先行先试。二是与全面创新改革试验、双创示范基地等国家创新创业政策部署做好衔接，在成果转移转化、知识产权保护、创新人才引进、科技金融扶持等方面，通过设立绿色通道等方式给予政策倾斜。三是支持有条件地区加快新型生物技术惠民应用，推动基因检测、免疫细胞治疗、第三方影像中心、生物基材料、生物新能源等新技术、新模式的应用推广，使改革发展成果更多更快惠及广大人民。

五、系统构建保障支撑体系

一是加强前瞻性问题研究，推动成立生物经济国家智库，开展生物经济立法、监管、重大问题争端解决机制、行业自律、公众监督、伦理风险防控、生物安全等重大问题前瞻性研究，构建具有较强适应性和针对性的生物经济法律体系、适应国情的生物技术伦理风险防控体系和自主可控的生物安全防范体系。二是加大人才、资金等要素投入，大力支持生物经济领域学科建设，进一步巩固适应生物经济时代的人才队伍，加大基础研究、应用研究和政府性引导基金对生物领域的投入，探索构建资本市场对生物经济领域的特殊上市制度。三是加强生物技术科普宣传和创造，针对公众对转基因产品安全风险、细胞治疗等新技术、新服务的疗效及安全性、生物技术产品环境友好性存疑等问题，强化科学宣传、舆论监督、正确引导和典型报道，建立健全公众参与的重大问题争论协商协调机制，营造有利于公众客观、科学理解生物技术的人文社会环境。

第二章　面向“健康中国”的生物经济发展路线图

内容提要：在界定面向“健康中国”的生物经济内涵外延基础上，本章分析了生物医药、生物医学工程、生物服务等重点领域国际国内发展现状及趋势，提出了面向2035的“健康中国”总体思路、发展愿景、发展路径和重大举措，描绘了面向“健康中国”的生物经济发展路线图，为更好推动“健康中国”建设提供有力支撑。

党的十八大以来，以习近平同志为核心的党中央把保障人民健康摆在优先发展的战略地位，作出了“实施健康中国战略”的重大部署。全面推进健康中国建设是关系中国现代化建设全局的战略任务，是保障人民享有幸福安康生活的内在要求，是维护国家公共安全的重要保障①。面向“健康中国”的生物经济关系到中国卫生健康事业和生命健康产业发展，将有力支撑到2035年基本建成健康中国的远景目标。

第一节　面向“健康中国”的生物经济内涵外延及发展态势

一、内涵外延

从产业经济形态来看，面向“健康中国”的生物经济主要包括生物医药、生物医学工程、生物服务等。具体来看，生物医药包括生物技术药、化学药、中药，是与人民健康福祉密切相关的刚性需求产业。生物医学工程包括医疗器械、植介入材料及制品、体外诊断产品等，是快速增长的新兴领域。生物医学工程是生物技术、材料与信息技术深度融合的新兴产业，也是满足预防、诊断、治疗、手术、急救、康复等医学和个人保健需求的投资热点。

① 见《人民日报》2020年11月27日文章《孙春兰：全面推进健康中国建设》。

二、国际态势

（一）全球市场保持较快增长

随着全球经济发展、人口总量增长和老龄化程度提高，新兴医药市场医疗卫生体系不断建设推进，各国医疗保障体制不断完善，以抗体药物、丙型肝炎药为代表的一批创新药销售增长迅猛，全球药品市场呈持续增长趋势。根据深圳中商情大数据股份有限公司发布的统计数据，2012～2017 年全球医药市场年均复合增长率约为 3.2%，2019 年全球医药市场规模达到 1.3 万亿美元，比上年增长 4.8%。随着全球居民生活水平的提高和医疗保健意识的增强，生物医学工程产品需求持续增长。根据 EvaluateMedTech 发布的统计数据，2017 年全球医疗器械市场规模已突破 4000 亿美元大关，初步测算 2018 年全球医疗器械市场规模为 4278 亿美元，2019 年达到 4519 亿美元。随着人类对疾病认知水平不断提高，精准医疗、转化医学、基因编辑为新药开发和疾病诊疗提供了全新方向，新一代基因测序技术发展为精准医疗提供了支撑。根据相关机构测算，2018 年全球基因检测市场规模约 120 亿美元，同比增长超过 20%，保持了近年来的高速增长态势。从上下游产业链看，随着测序技术快速迭代和测序仪等设备按每年周期频率升级，上游智能制造企业竞争加剧，上游生产设备企业普遍看好亚洲的广阔市场前景；中下游加速技术转化和应用，临床基因应用市场逐渐成为发展重点。

（二）新兴市场和新兴领域快速发展

在高收入国家中，随着大量专利到期以及仿制药的广泛运用，药品消费支出（特别是在慢性病治疗领域）的增速显著下降。新兴市场呈现出较快的增长势头。2016 年北美、欧洲五国和日本合计占全球药品市场总规模的 63% 左右。随着以中国、巴西、俄罗斯、印度为代表的新兴医药市场快速增长，发达国家占全球市场的比例逐步下降。再生医学产业规模保持高速增长态势，根据美国国家细胞制造协会预测，再生医学制造业未来十年年均增长率将在 40% 以上，到 2027 年产业规模将超过 40 亿美元。2016 年全球再生医学产品市场（Regenerative Medicine Market）规模已达到 189 亿美元，预计未来仍存在较大发展空间。细胞治疗技术、设备、诊断和其他生物制药产品的发展，未来将对人类健康带来巨大影响。

（三）生物制药成为创新药物重要来源

随着化学新药创制难度的增大，生物制药逐步成为创新药物的重要来源。

2018 年十大畅销药物中 8 种为生物药，其中包括 7 种抗体药物、1 种疫苗，这 8 种生物药的销售收入占 2018 年十大畅销药物总销售收入的 82.5%。全球生物药市场在 2013～2017 年实现了快速增长，预计到 2022 年全球生物药市场或将达到 3260 亿美元。从技术发展趋势来看，基因工程技术为研发生物大分子药物提供新途径；合成生物学技术将合成 DNA、mRNA、免疫物质等应用于疾病研究和治疗；干细胞技术将重点发展研究模型、细胞治疗、器官再生；生命科学与新材料技术结合所衍生出的生物 3D 打印技术将迅速发展。

（四）生物服务将成为新的生长点

生物技术和信息技术的交叉融合创新将会对生物医药产业产生重大影响。无线传感器、基因组学、成像技术和健康信息等技术融合带来的变革使得个体化医疗及生命健康服务产业成为新的生长点，这将推动基因测序服务、生物芯片检测服务等领域的快速发展，包括云计算、社交网络和大数据分析在内的多种技术支持智能移动技术在医疗保健中发挥作用。基于移动通信的个体医疗设备与远程医疗和数字决策医疗结合的数字医疗体系将形成新的医学模式。体外诊断方面，2018～2025 年复合年均增长率达到 4.8%，2025 年预计将达到 936 亿美元。慢性病、传染病发病人数的不断增长以及体外诊断检测技术的不断发展都是驱动体外诊断市场不断发展的主要因素。

第二节　面向“健康中国”的生物经济发展现状及面临形势

一、发展现状

（一）产业规模持续增长

受国内日益增长的健康需求及国家医保目录扩容等多重有利因素影响，中国生物医疗、生物医学工程、生物服务等生物经济规模持续增长（佘鲁林和温再兴，2019）。根据相关统计快报，2019 年前三季度中国医药工业累计实现营业收入 19 734.7 亿元，同比增长 8.4%，增速较上年同期下降 4.9 个百分点。主营业务收入保持两位数增长，2018 年 1～11 月，规模以上医药工业增加值同比增长 10.0%，高于全国工业整体增速 3.7 个百分点，占全国工业比例为 3.3%。规模以上企业主营业务收入达到 23 748.9 亿元，同比增长 12.8%，利润总额达到

3062.2 亿元，同比增长 10.8%。特别是在一些新兴领域，产业发展更为迅速。如基因检测领域，国内市场稳步增长，龙头企业保持高速增长。目前，中国基因科技相关的企业超过 1000 家，主要分布在北京、上海、江苏、浙江、广东等东部沿海地区和湖北等华中地区，超过 50% 集中在投资早期（B 轮之前）。龙头企业持续引领产业高速发展，华大基因 2019 年实现营收 28 亿元，增幅达 10.4%；贝瑞基因 2019 年实现营收 16.18 亿元，同比增长 12.4%。

（二）技术创新能力逐步增强

中国在生物医药研发生产、检验检测、标准评价、临床研究等环节都搭建了一批技术平台，并先后组建了新型疫苗国家工程研究中心、蛋白质药物国家工程研究中心、抗体药物国家工程研究中心，建设了国家基因库，有效促进中国生物医药技术进步（谭天伟，2019）。以药明生物为代表的 CRO/CMO 机构快速发展，有效支持了生物医药研发和产业化，特别是为一批创新型中小企业的新药研发提供了有力支撑。2018 年国内企业共有 230 多个一类创新药申报注册（包括申报临床和申报上市），8 个一类新药获批上市。越来越多的具有自主知识产权的创新药获批上市，不仅有利于满足人民日益增长的健康需求，也促进了医药产业的转型升级。在生物医学工程领域，截至 2018 年中国涌现了一批高精尖研发成果，3T 超导磁共振、128 排 CT 机、PET-CT 机、PET-MRI、196 通道高端彩超、血管介入 DSA、超声内镜等高端设备实现国产化。在关键核心部件上，中国也取得较大突破，如高端超声探头、CT 球管、CT 探测器、PET 探测器等。在植（介）入产品领域，心血管冠脉支架、脑起搏器、人工耳蜗、骨关节、人工心脏瓣膜等实现国产化。在先进治疗设备领域，骨科手术定位机器人、手术机器人、脑神经外科手术定位机器人、康复辅助机器人、重离子肿瘤治疗设备等实现国产化。

（三）生产质量水平稳步提升

首先，“十三五”以来，中国投入了大量资金对生物医药、生物医学工程等行业进行技术改造，系统提升了质量技术水平，产品质量标准、质量管理体系加快与国际接轨。同时，国家药品监督管理局组织实施了一系列监管制度改革，并不断扩充职业化检查员队伍，加大监管力度，提高产品准入门槛，加强全生命周期的药品质量管理，逐步淘汰部分落后产品。如 2015 年 8 月，国务院发布《国务院关于改革药品医疗器械审评审批制度的意见》（国发〔2015〕44 号），提出“力争 2018 年底前完成国家基本药物口服制剂与参比制剂质量一致性评价”。2016 年 3 月，国务院办公厅印发《国务院办公厅关于开展仿制药质量和疗效一致性评价的意见》（国办发〔2016〕8 号），该文明确规定中国须进行仿制药一致性评价的对象。《药品管理法》自 2019 年 12 月 1 日起施行，为中国建立科学、严格的药品监督管理制度提供了法律依据。其次，药品研发与生产质量管理日益规范。随着国家药品监督环境的变化，企业质量责任更加明确，质量意识得到加强，质量体系不断健全，严格执行质量管理规范、努力提高产品质量成为多数企业的自发行为。再次，药品质量标准逐步与国际接轨。2018 年中国国家药品监督管理局成为国际人用药品注册技术协调会（The International Council for Harmonisation of Technical Requirements for Pharmaceuticals for Human Use，ICH）的管理委员会成员，并积极推进 ICH 指导原则在中国的转化实施，对国内企业开展国际注册、提升药品质量体系具有重要意义。

（四）国际化水平不断提升

"十三五"以来，中国生物医药企业国际化步伐不断加快，出口产品不断向全球价值链高端环节迈进。2018 年 1 ~ 11 月，医药出口继续保持了较快增长，规模以上医药企业实现出口交货值 1799 亿元，同比增长 11.1%，增速比上年同期提高 0.6 个百分点。中国医药出口市场结构逐步升级，突出表现是中国医药企业在欧美发达国家的药品注册不断增多。2018 年共有 23 家企业的 91 个制剂品种获得美国 ANDA 批件，是 2017 年获批品种的 2 倍多。2018 年底，国内企业累计在美国注册的 ANDA 数量超过 280 个。累计上百种新药在欧美发达经济体开展临床研究，除了一批大病用药外，十几种新药拿到了约 20 项美国食品药品监督管理局（Food and Drug Administration，FDA）孤儿药资格认定。如 2019 年 11 月，FDA 加速批准了百济神州研发的 BTK 抑制剂泽布替尼（Brukinsa）上市，用于治疗既往接受过至少一项疗法治疗的成年套细胞淋巴瘤患者。该药是获得美国上市批准的中国本土原研抗癌药，也是首款获得 FDA"突破性疗法"身份认定、"优先审评"资格的中国本土原研新药，实现了中国抗癌新药"零的突破"。此外，部分中国企业逐步通过境外并购，积极拓展国际市场。如联影公司已在康科德、克利夫兰设立研发中心，并与 M. D. Anderson 癌症中心、哥伦比亚大学等国际先进科研机构建立了合作关系。

二、存在问题及原因分析

（一）技术创新能力不足

中国生物药物市场仍以中低端仿制药为主，完全自主的尖端药物严重缺失。

除传统生物药品外，中国制药企业生产的现代生物制品多数属于仿制药品且质量低、重复率高（陈凯先，2019）。截至 2019 年，中国现有的 18.9 万个药品批文中，有 95% 属于仿制药。尽管中国生物医药领域专利公开量在全球排名第二，但与美国相比，仍存在发明专利相对比例小、企业申请人相对比例小等问题。由此可知，中国生物医药创新还未形成以企业为主体的格局。造成这个问题的主要原因是：中国重点医药企业缺少研发动力，尤其对一些技术要求较高的抗体类药物；国家划拨的医药研究资金每年都会有一大部分被划拨到一些科研院校，这些科研单位虽然在人才、设备等方面具有很强的研发能力，但是往往不具备产业化药物生产能力，因此就造成专利申请以科研院校为主、企业为辅的现状。此外，核心部件依赖国外问题严重，自主知识产权的创新装备严重不足，进口仪器设备比比皆是，国产仪器设备却凤毛麟角。如高通量筛选系统、自动化生物反应器、智能化分离单元等装置的核心基础部件多使用国外的“大脑”，在安全问题上如同“裸奔”，极端情况下这些装置形同虚设，这直接威胁着中国生物经济安全发展。在生物医学工程领域，受专业技术壁垒、制备工艺经验积累不足等方面的限制，目前中国高值耗材原材料的半壁江山仍由国外进口产品占据。例如，血管支架用细径薄壁金属管材、心脏起搏器和除颤器等器械用金属丝材完全依赖进口，牙种植体等器械加工用高强度超细晶钛合金棒材、心脏起搏器用钛箔材、3D 打印用金属粉末等仍大量依赖进口。

（二）产业结构不合理

由于缺乏技术创新和新药物研发，中国生物医药、生物医学工程等行业企业整体实力偏弱、规模较小，且多数医药企业缺乏品牌意识，不重视维护自主知识产权，因此中国医药企业很少出现知名品牌，有的医药企业甚至都没有自主品牌，仅仅是给其他企业做简单加工。由于缺乏有力监管，有些特色生物资源被这些企业浪费，甚至造成整个行业恶性竞争。重要医药中间体，手性药物、功能营养食品等生物制造高端产品技术研发方面落后发达国家十年以上，新的原料路线和新型绿色生产技术多被国外垄断，工业及科研用、高含能及高分子材料、军事用特殊化学品等重要产品主要依赖国外供应。在生物医学工程领域，由于基础学科和制造工艺的限制，中国医疗器械产业仍集中在中低端品种，高端医疗器械主要依赖进口。在心电图设备、高端生理记录仪、内窥镜等部分领域，国外品牌市场份额依然在 90% 左右，西门子、飞利浦、通用、罗氏、奥林巴斯等国际品牌占据了以三甲医院为主的高端医疗器械市场（蔡天智和苏畅，2019；苏文娜和徐珊，2020）。在体外诊断领域，国外企业通过技术优势以及“设备+试剂”的封闭系统策略，依然垄断着中国体外诊断的高端市场。

（三）产业链水平不高

中国生物经济产业链供应链短板突出，产业链、价值链各个环节缺乏有效衔接。在药物研发领域，上游药物研发成果因缺少通畅的转化平台导致产业化速度减慢，目前中国生物医药成果转化率一直停留在5%左右。生物制品经过漫长的临床试验再到放大生产也出现严重脱节现象，有些生物制药企业投融资渠道窄、规模化生产投入严重不足，和国外完善的风险资本介入机制有较大差距。特别是生物药大规模制备存在差距，产业配套存在许多短板。例如，中国抗体和重组蛋白药物大规模生产技术主要从国外引进，目前投入建设的细胞培养罐最大规模是6000L，而国外最大的培养罐达到了20 000L以上。国内企业抗体生产基本采取流加培养技术，而国外企业在一些产品上已经开始研究采用连续灌流工艺。抗体工厂科研、质检、生产用的主要仪器设备，以及试剂、培养基、纯化介质、疫苗佐剂等基本都依赖进口，大大增加了企业成本。在生物医学工程领域，中国在材料、精密加工技术、质量体系、生产工艺限制等方面明显落后于发达国家和地区，导致国产医疗器械关键零部件高度依赖进口。例如，国产超声波检测设备在整机系统的设计、研发及生产环节已经接近进口设备，但仍存在一些薄弱环节，如超声换能器的设计和生产。在体外诊断试剂领域，酶原料、抗原、抗体、磁珠等核心原料的国产化率比较低，以进口原料为主。另外，还有很多医疗器械的核心部件（材料）由于批量小、用量不大、上游产业链企业不愿生产，产业链条脱节，这也是生物医学工程领域面临的重大挑战。

（四）政策体系不完善

医药审批、采购、知识产权保护等制度和政策不能适应新时代的创新创业要求，监管体系改革与快速发展的生物经济不适应，现有财税政策对扶持生物产业发展的力度不到位。在管理体制上，中国仍处于多头管理、互有侧重的局面，难免发生相关政策不协调、不配合，甚至出现政策效果相互掣肘的情况。例如，国产新药不能及时进入医保目录。医保目录更新速率慢，创新药物和优质仿制药难以及时进入医保目录。在新药审批政策上，中国新药审批工作中仍然存在着信息沟通不顺畅、审批周期冗长、审批主体的责任缺失等问题，对中国生物医药创新造成许多不利影响。在药品定价和招标采购机制上，以降价为导向的医药招标采购制度使原创药的利润和生存空间受到严重挤压。与发达国家不同，中国药品近八成的利润都被流通环节占有，能够用于研发的利润少之又少，目前的医药定价模式未能充分考虑医药创新研发成本，不利于鼓励新药研究与开发。在知识产权保护上，中国专利等相关法律和制度建设起步较晚，对创新药物研发的保护和激励作用仍不够。中国药品侵权案件普遍存在审判周期长、维权成本高、处罚力度不够等问题。这在一定程度上直接影响了企业对创新的预期，从而影响创新资金投入力度。

三、机遇与挑战

（一）消费空间增长和消费内容升级共推生物经济相关产业快速增长

未来中国健康需求既有来自低收入人群的基本医疗用药需求，也有高收入家庭的升级用药需求。随着医药购买力不断提高，高端药品的需求将不断释放。从消费总量来看，随着人口高峰期叠加、低出生率、人均寿命的延长和死亡率的降低，中国将由老龄化社会进入老龄社会。中国发展研究基金会发布报告预测，到 2022 年左右，中国 65 岁以上人口将占到总人口的 14%。这就意味着社会整体对医疗服务的需求（尤其是与慢性病相关的药物和服务），将会有快速的增长。从健康需求内容升级来看，一批具有消费意愿和消费能力的群体在不断扩大，他们对于医药健康产品和服务也提出了更高需求。海外更先进和更多样的品种呈现加速引进的趋势，面向高净值人群的体检、医疗美容等服务的需求也在持续增长。总体来看，中国生物经济在新药、医疗服务和医药消费品方面存在显著的提升空间。

（二）美国对华生物脱钩倾向阻碍中国生物经济价值链升级

随着对中国角色定位的转变和国外孤立主义、保护主义的日益盛行，全球化开放创新的环境逐步消失，“科学无国界”的理念正在受到挑战。特别是美国将越来越多的中国高科技公司与机构列入其出口管制“实体清单”，试图从供应链入手，遏制中国高科技发展，维护美国的科技领先与全球主导地位。从 2019 年 1 月至 2020 年 7 月，美国先后将近 100 家中国企业列入“实体清单”，对这些企业实行高科技产品出口管制。未来，中国科技创新的外部环境可能进一步恶化，与发达国家特别是美国，在生物经济的合作发展上存在完全脱钩、相互隔离的可能。美国更加强化了对华高技术限制和封锁，并扩大了行政机构审查、限制高技术出口的范围和权限，给中国生物经济迈向全球价值链的中高端带来严重挑战。其根本目的就是通过构筑新的贸易壁垒来阻滞中国生物经济发展，并对中国生物经济在全球价值链中的地位提升形成阻隔效应，进而遏制中国生物经济在全球价值链中地位的攀升，使中国生物经济陷入全球价值链参与度下降和分工位置不高的双重困境。

（三）全球供应链“去中国化”导致中国生物经济面临产业链安全挑战

受到中美贸易摩擦不断升级、新冠肺炎疫情冲击等各方面因素的影响，美欧日等发达国家和地区对制造业“空心化”可能造成的后果有了更清醒的认识，强化了改变“以中国为中心的全球供应链体系”的紧迫感。除了地缘政治和经济上分散风险的考量，疫情的发展也推升了生化战争可能性以及制药和医疗器材供应链所引发的担忧。美国参议院财政委员会主席格拉斯利在给美国卫生部长的信中说：“美国政府必须停止依赖中国和其他外国国家的处方药、医疗物资供应链或任何产品或原料，因为这对我们国家的生存至关重要。”众议院能源和商业健康小组委员会主席安娜·埃舒表示，“让中国为我们制造运动服是一回事，但要依靠它来提供我们的药品供应吗？这是不可接受的。”共和党参议员乔西·霍利在 2020 年 2 月 27 日提出《医疗供应链安全法》草案，目的是针对中国爆发冠状病毒而导致美国潜在的药品短缺风险，借此确保美国医疗产品供应链的安全。法国经济和财政大臣布鲁诺·勒·梅尔将此次疫情视为全球化的“游戏规则改变者”，认为需要重新考虑全球供应关系，尤其是在医疗保健和汽车行业，“我们不能继续依赖中国来生产 80% 至 85% 的活性药物成分”。欧洲赛诺菲 2020 年 2 月 25 日宣布，将重新整合其在欧洲的 6 个原料药生产基地，帮助平衡欧洲“对源自亚洲地区原料药的严重依赖”。尽管当前外资企业外迁的问题并不突出，但从西方国家对全球化的做法以及跨国公司的反思可以推演出，全球供应链重组已不可避免，只是时间和幅度的问题。医疗医药领域跨国公司可能会搬迁回本国，以形成本国自主可控产业链，这将严重威胁到中国生物经济产业链供应链安全。

第三节 面向“健康中国”的生物经济发展战略构想

一、总体思路

以深化市场化改革、扩大高水平开放为动力，把握市场需求和要素供给阶段性变化新特征，顺应生物医学技术革命和产业变革新趋势，牢固树立以服务民生需求为根本的理念，加大科技基础设施投入，强化管理制度创新，夯实产业基础能力，增强核心技术创新力、关键领域自控力，促进生物技术与数字技术深度融合，激发高端、前沿生物产业成长动能，突破一批“卡脖子”产品、技术和工艺，壮大一批国际一流企业和“单项冠军”企业，建设一批世界先进生物医药与健康产业集群，构筑安全可控的现代生物经济产业链，为建设“健康中国”提供强力支撑。

坚持创新引领。以技术创新为核心动力，强化企业创新主体地位，激发人才创新活力，破解科技创新产业化瓶颈，强化共性基础技术服务，突破“卡脖子”技术短板，促进生物技术与数字技术、新材料技术等的融合创新，加快形成一批新产品、新服务、新业态。

坚持服务民生。围绕基本实现社会主义现代化的总体目标，面向人民追求美好生活新需求，满足“健康中国”要求，着力于提高人民群众健康保障能力，发掘强大国内市场潜力，加速民生相关的生物技术产品和服务的规模化应用，促进生物产品供需畅通衔接，以服务民生需求引导产品结构、技术结构优化升级。

坚持深化改革。充分发挥市场在资源配置中的决定性作用，更好发挥政府作用，加快建立和完善适应新技术、新产品、新模式的监管机制，健全安全、环保等功能性产业准入标准，强化公平有效市场监管机制，消除不同所有制企业间的歧视，加快建立企业有序竞争、优胜劣汰的长效机制，全面增强各类微观主体创新创业活力。

坚持开放合作。以高水平开放为升级方向，全方位、多角度扩大国际合作新空间，创新与生物经济发达国家合作方式，提高外资利用水平，提升技术引进利用效能，呼应“一带一路”倡议，多向开拓新兴出口市场，积极推动生物医药、医疗器械、生物服务等“走出去”。

坚持安全可控。牢固树立“底线思维”，严守生物安全，坚持安全和发展同步推进，坚持平时和战时结合、预防和应急结合、科研和救治防控结合，加强疫病防控和公共卫生科研攻关体系和能力建设，健全社会主义市场经济条件下的新型举国体制，优化学科布局和研发布局，提高战略储备能力，提高生物经济产业链的韧性和抗风险能力，确保生物经济产业链、供应链安全。

二、发展愿景

到 2025 年：“十四五”时期，生物经济力争保持中速稳定增长，产业发展质量、效率和动力发生实质转变，产业链水平迈向更高层级，为建设健康中国提供坚实支撑，为经济持续健康发展提供强力支撑。

创新能力显著增强，国际竞争力不断提升。研发投入占销售收入的比例显著提升，重点企业达到 15% 以上，形成一批具有自主知识产权、年销售额超过 100 亿元的生物技术产品，掌握一批关键核心技术、共性技术，突破一批重点领域

“卡脖子”产品及设备，高端产品及设备国内自给率和产业链控制力显著增强，抢占一批生物科技创新制高点，培育一批优势生物技术和产品成功进入国际主流市场，国际创新和产能合作步伐进一步加快。

产业结构持续升级，产业迈向中高端发展。生物技术药占比大幅提升，化学品生物制造的渗透率显著提高，新注册创新型生物技术企业数量大幅提升，形成30 家以上年销售收入超过 100 亿元的大型生物技术企业，在全国形成若干生物经济强省、一批生物产业双创高地和特色医药产品出口示范区。

应用空间不断拓展，社会效益加快显现。基因检测能力（含孕前、产前、新生儿）覆盖出生人口 90% 以上，社会化检测服务受众大幅增加。医疗物资和装备的应急转产能力显著增强，新发突发传染病检测能力大幅提升，并能为全球爆发的疫情提供技术和产品支撑。

产业规模保持中高速增长，对经济增长的贡献持续加大。到 2025 年，生物医药与健康产业规模达到 10 万亿元，成为国民经济的主导产业，创造就业机会大幅增加。

到 2030 年：生物医药、医疗技术达到世界上游水平，建立以系统生物学为基础的药物研发平台，开展组学方面的药物高通量筛选；中医药领域初步构建方剂知识库及病症生物网络，建立方剂功效物质整合调节机制研究体系；精准医学研究及临床水平位于国际前沿，类脑计算和人工智能技术达到世界先进水平；在组织修复与再生医学关键理论上取得重大突破；新型移动医疗、诊断治疗、介入治疗和可穿戴智能设备、数字医学与人机接口技术和新型生物材料、纳米生物技术取得重大突破。生物创新药和高端医疗器械产品占据国内市场绝大部分份额并大量出口，新增 2 ~ 5 个世界级生物医药龙头企业。

到 2035 年：生物医药、医疗技术达到世界先进水平，部分领域处于前沿位置，为全面实现“人人享有健康”战略目标提供技术保障，传染病总体防控能力及应对突发疫情的关键技术居世界领先水平，脑重大疾病预防与治疗技术取得重大进展，中药制剂技术取得创新性突破，建立创新中药的发现方法与设计理论，精准医学实现整体突破和临床应用，基因治疗广泛应用临床治疗，再生医学达到国际领先水平，生物物理与医学工程研究跻身世界前列，培育形成一批享誉世界的生物医药跨国企业。

三、发展路径

（一）技术创新方面

（1）加快共性关键技术突破：实行重点项目攻关“揭榜挂帅”，加快突破制约生物医药、生物医学工程等发展的共性关键技术。生物医药领域，尽快突破基于疾病靶点网络、反向分子对接等药物新靶标发现与确证关键技术，基于细胞和靶蛋白的药动力学以及药代/药效/毒性三位一体的成药性关键技术，基于新靶点/新结构/新形式的免疫细胞抗体、蛋白、多肽、核酸等创新生物药研制新技术等；生物工程领域，加快突破医用增材制造技术（3D 打印技术），适于 3D 打印技术的可植入材料及修饰技术，碳纳米与石墨烯医用材料技术、用于个性化制造的全面解决方案，包括检测、计算机辅助设计与制造技术等，在新型移动医疗、介入治疗和可穿戴智能设备、数字医学与人机接口技术、新型诊断治疗技术、新型生物材料与纳米生物技术等方面取得重大突破。

（2）加强应用开发研究：加大对肿瘤细胞免疫治疗应用，稳步推进干细胞介导的治疗老年退行性疾病的治疗方法开发，加速基因治疗产业化平台的搭建。建立基于生物医学大数据库的疾病预警、预测模型并应用于个性化健康管理。大力推动再生医学基础科学研究向临床应用转化，研制用于临床治疗的细胞技术，以及组织器官再造技术，最终解决器官与组织移植供需矛盾，减轻或控制重大疾病给人民健康带来的危害。

（3）完善重大技术创新平台支撑：通过应急疫苗重大行动计划，建立平战一体的应急疫苗国家工程中心，建设快速构建、快速生产、快速评价等技术平台，进行新技术的验证，提供技术支撑。建立基因治疗的关键新型技术平台，对严重危害人类健康的重要疾病进行基因治疗临床研究。加大各级疾控机构和相关生物安全实验室建设投入，完善设备配置，统筹优化检验检测资源的区域布局，实现每个省份至少有一个生物安全三级水平的实验室，大幅提高重大疫情监测预警能力。

（二）产业供给方面

（1）提升生物技术产品和服务质量：2025 年，研发生产具有自主知识产权的长效基础胰岛素、速效胰岛素等糖尿病药物、重组人干扰素、核苷类似物等抗肿瘤、抗病毒药物等，自主研发高端医疗设备与仪器，生物物理与医学工程技术整体水平达到国际先进水平，部分领域达到国际领先水平，建立健全生物物理与医学工程创新体系，获得一批原创性成果。大幅提升医疗物资和装备的应急转产能力，在应对重大疫情时，储备动用消耗后，能够及时填补物资供应的缺口。2026～2035 年，创制出具有中国自主知识产权的生物技术新药，研发生产人工器官、基于声光电磁的新型诊断设备，促进中药新药在防治重大疾病、慢性疾病有较大突破，开发出可人机交互并广泛用于教育、医疗、国家和公共安全监控与预警的可穿戴设备。

（2）培育壮大领军企业：鼓励企业围绕创新链、产业链整合，推进资本链延伸布局，鼓励优势企业实施跨地区、跨所有制收购兼并重组，支持企业开展国际质量认证，促进产品国际注册及营销，鼓励企业开展自主创新、技术引进和国际合作，进一步扩大规模、增强实力，培育壮大一批研发能力强、产品技术含量高、具有较强国际竞争力的骨干企业。鼓励企业自主创新，支持企业牵头承担实施生命科学领域国家科技重大项目，推动企业积极融入全球研发创新网络，提升整合国际创新资源的能力，打造研发实力与创新成果一流、产业规模与竞争能力领先的世界级创新型领军企业。

（3）推动区域集聚集群发展：建立更多以市场为导向，以企业为主体，以国内高校科研院所、各类投资公司为依托，以国外研发机构为补充的先进生物医药、生物医学工程产业集群。依据产业基础、研发技术、金融支撑、人才储备等方面差异，分类施策促进区域集聚集群发展。促进东部地区打造世界级生物经济产业集群，支持京津冀地区充分利用科教资源和医疗资源，打造以创新、成果转化、技术输出为特色的世界级生物经济产业集群；支持长江三角洲地区充分利用人力资源和产业优势，打造以全球化创新、先进制造、产品应用服务为特色的世界级生物经济产业集群；支持珠江三角洲地区充分利用开放创新和产业优势，打造以工程创新、先进制造为特色的世界级生物经济产业集群。支持中西部及东北地区依托各地资源优势和科研基础，促进产业链上核心产业、配套产业和其他支撑产业的协同发展，打造区域特色鲜明、竞争力强的产业集群。

（4）强化科教人才支撑：重点培养生物领域企业经营管理人才、原始创新人才、工程化开发人才、高技能人才等，构建生物医药、生物医学工程、生物服务等专业人才和物理医师的教育、培训体系，逐步建立相应的资质认证制度，优化和完善优先审评和快速审批的政策，强化审评检验人员队伍的扩充建设。建立国内外再生医学领域的专家人才准入数据库，由专业机构组织技术交流活动。

（5）创新资金支持手段：完善政府资金的市场化手段，扩大社会资本投资，推动财政补贴方式由直接资助方式向风险投资补贴、贷款担保、咨询补贴、信用担保等间接补贴方式转变。完善产业投资基金市场化运营模式，吸引更多社会资本进入。加快发展商业保险，带动中高端医药医疗产品消费。充分发挥亚洲基础设施投资银行、丝路基金、中国投资有限责任公司等投融资平台作用，支持企业开拓海外市场，开展海外贸易和并购。培育更多有足够耐心、能进行长期投资、认真保护企业持续发展能力的投资人，增加科技风险投资以及知识产权贷款等，有效解决产业资本瓶颈问题。

（三）市场需求方面

（1）实施生物技术应用示范工程：支持重大疾病防治疫苗、抗体药物、基因治疗药物、细胞治疗药物、重组蛋白质药物等研发和应用，鼓励新型药用包装材料与技术的开发和生产应用。实施细胞技术类再生医学治疗技术应用或产品示范机制，在国家医药卫生主管部门的领导下，组织专家遴选创新型细胞技术和病种，在监管部门的严密检测下，有序开展多中心临床试验，在先行示范中逐步完善产品技术标准和示范机制。鼓励人工智能、数字治疗在生物医药领域的应用，促进新技术、新理论与药物发现、疾病治疗的融合。支持具有构建细胞基因疗法能力和技术的平台企业，加速推进细胞技术产业化应用，引导鼓励企业将基础研究及产品研发向全产业链拓宽。鼓励国产自主创新医疗器械应用示范项目，加速新型国产医疗器械在三甲医院的应用示范，加快推进产学研医合作平台建设，为中国自主研发的高性能医疗器械应用推广起到积极的带动作用。

（2）创新政府采购手段和方法：在国家大科学设施和重大科学计划中，优先使用自主研发的高性能科学仪器/医药生产设备/医学影像设备，为提升国产设备的品牌形象打基础。继续开展首台（套）重大技术装备保险补偿机制试点，支持符合条件的国产医疗设备应用。制定完善各级医疗机构的医疗器械配备标准，严格控制财政性资金采购不合理的超标准、高档设备。严格按照《中华人民共和国政府采购法》规定，对国产产品能够满足要求的，政府采购项目原则上须采购国产产品，逐步提高公立医疗机构国产设备配置水平。细化行政审批许可相关条款，进一步加强大型医疗设备管理，通过细化相关条款对优秀国产医药、医疗器械产品给予市场拓展支持。

（3）积极拓展海外市场：推动制药企业"走出去"，扩大国际合作，在"一带一路"基金上给予国产医药、医疗器械走出国门项目更多的支持，在对外援助的项目中医药、医疗器械，全部采购国产自主创新品牌。积极推进基因检测等领域具有比较优势的产品"走出去"，带动整个行业抢占国际市场。加强中药的国际营销与宣传，积极抢占欧洲天然药品市场。推动生物技术企业开展境外并购，建立海外研发中心、生产基地、销售网络和服务体系，创建一批具有国际影响力的知名品牌。鼓励企业积极参与国际公共卫生领域合作，推进疫苗、应急医疗产品等走出去。

（四）资源保障方面

（1）加大生物资源保护力度：持续开展全国中药材资源普查工作，加强对中药材野生资源与种植的中药材品种、规模、产量等基础数据的系统性整理，建立全国中药资源动态监测网络，加强野生濒危品种和特色中药材的种质资源收集与保护，建设濒危野生药用动植物保护区、药用动植物园、药用动植物种质资源库，保护药用种质资源及生物多样性。加快临床数据资源、基因数据等健康医疗数据安全体系建设，建立数据安全管理责任制度，制定标识赋码、科学分类、风险分级、安全审查规则，加强对涉及国家利益、公共安全、患者隐私、商业秘密等的重要信息的保护。

（2）科学促进生物资源开发：加快发展中药材现代化生产技术，研发病虫草害绿色防治技术，发展中药材精准作业、生态种植养殖、机械化生产和现代化加工等技术，提升中药材现代化生产水平，促进中药材综合开发利用。建立全国健康医疗数据资源目录体系，制定分类、分级、分域健康医疗大数据开放应用政策规范，鼓励各类医疗卫生机构推进健康医疗大数据采集、存储，加强应用支撑和运维技术保障，稳步有序推动临床数据资源、基因数据等健康医疗数据大数据资源共享开放应用。

（3）安全合理推进生物资源应用：科学合理推进全国中药材资源利用，培育中药材农业应用新业态，鼓励发展与中药材关联的休闲农庄、药膳和居室园艺产品及健康养殖产业。推进健康医疗临床和科研大数据应用，优化生物医学大数据布局，依托国家临床医学研究中心和协同研究网络，系统加强临床和科研数据资源整合共享，提升医学科研及应用效能，推动智慧医疗发展。积极鼓励社会力量创新发展健康医疗业务，促进健康医疗业务与大数据技术深度融合，加快构建健康医疗大数据产业链，培育健康医疗大数据应用新业态。整合社会网络公共信息资源，完善疾病敏感信息预警机制，及时掌握和动态分析国际公共卫生风险，提高突发公共卫生事件预警与应急响应能力。

（五）监管治理方面

（1）加快推进改革和制度创新：近期 2025 年，建立严格的细胞技术、基因技术、医学创新技术和产品备案、准入制度。中期 2030 年，完善细胞技术、基因技术类医学风险管理机制，建立各级风险分担机制，由政府监管部门、专家委员会、医疗机构和企业共同承担责任和分担风险，取消由政府监管部门独立承担风险的局面；加强涉医涉药领域信用体系建设，搭建全国医药行业信用信息公共服务平台，建立健全企业经营异常名录、黑红名单和信用修复制度，完善联合奖惩机制。远期 2035 年，建立健全与医学相关的法律法规体系，制定符合细胞技术类产业特点的法律法规，运用法治思维和法治方法为中国细胞技术类的医学医药发展提供坚实保障。

（2）建立健全生物安全治理保障体系：近期 2025 年，加快健全生物安全监管体系，建立健全基于国家安全考量的监测与预警、评估与防控体系和电子信息、数据共享系统，严格生物遗传资源管理，修订完善传染病防治、野生动植物保护、外来物种管控、生物技术开发与利用、公共卫生和紧急突发事件应对等重点法律法规，设立国家生物安全管理机构，建立行之有效的管理体制和机制，充分调动各方力量，明确各方责任，构建完整严密的国家生物安全治理体系。中期2030年，出台“生物安全法”，统领生物安全总体框架和基础性法律问题，健全系统集成、协调高效的国家公共卫生应急管理体系。远期2035年，建立完善的干细胞、组织工程及再生医学的法规和法律体系，构建全面覆盖、相互衔接、有机统一的生物安全法律体系，筑牢生物安全法律屏障。

（3）加强国际交流与合作：近期2025年，加快国际创新和产能合作步伐，培育一批优势生物技术和产品成功进入国际主流市场。中期2030年，加快建立立足中国、全球布局的贸易、投资与供应链体系，构建“一带一路”和发达国家市场协同、商品贸易和服务贸易、出口和进口并重的双回路生物经济外贸格局。远期2035年，以更大担当参与全球卫生治理体系，推动中医药成为全球卫生治理的国际公共产品，参与和主导国际标准体系制定。

（4）科学指引舆论导向：加强健康医疗、生物技术应用发展政策解读，大力宣传医药发展的重要意义和应用前景，积极回应社会关切，形成良好社会氛围。积极引导医疗卫生机构和社会力量参与开展形式多样的科普活动，宣传普及健康医疗大数据应用知识，鼓励开发简便易行的数字医学工具，不断提升人民群众掌握相关应用的能力和社会公众健康素养。加强全社会生物安全宣传教育，形成注重卫生、尊重自然、维护生态等生物安全观。党员领导干部提高生物安全理念，掌握生物安全工作政策法律。

（5）培育生物经济文化：加快生物技术等新兴技术伦理准则，引导和规范新技术应用，健全基因编辑等生物技术伦理准则，引入处罚机制，加大对违规践踏科技伦理底线行为的惩处力度。组建生物安全伦理审查委员会，建立完备的生物技术科学伦理道德审查机制，对伦理审查资源进行整合，对各项新生物技术、新项目进行生物伦理安全评估，支持在有条件的地区建立区域伦理委员会，承担创新药物和高风险药物临床试验方案伦理审查职能，形成区域伦理委员会审查试验方案的伦理性和科学性、医院伦理委员会审查本机构的综合实力以保障受试者安全的格局。

第四节　面向“健康中国”的生物经济发展重大行动

一、核心技术攻关行动

将核心零部件（元器件）和关键基础材料作为核心技术攻关行动的重点，

组织有关部门，梳理出关系到国计民生、生物安全的关键材料、基础零部件/元器件、基础工艺、核心硬件、核心软件和基础平台等领域的短板，由国家统筹，进行全面布局，开展协同创新，重点突破一批制约生物医药与健康领域重大工程和重点方向的“卡脖子”环节，努力攻克核心技术难题，集中优势资源，以用户关键需求为切入点，优先选择进口数量较多、发展基础条件较好、市场潜力较大的医药、医疗领域生产设备、专用生产线及专用检测系统开展研发，力争在 5～10 年内实现突破，接近或达到国际先进水平。

二、共性技术创新能力提升行动

进一步深化科技体制改革，优化整合科技资源，开展生物基础理论和产业共性技术攻关，完善政府对基础性、战略性、前沿性科学研究和共性技术研究的支持机制，加快布局生命科学国家实验室，依托现有国家重点实验室、国家工程实验室、国家工程研究中心、国家工程技术研究中心，形成分布式、网络化的生物产业共性技术创新研究体系，从全产业链角度梳理生物经济共性技术的痛点和缺失环节，组织全产业链协同创新，建立上中下游互融共生、分工合作、利益共享的一体化组织新模式，支持相互参与产品的设计研发，提高生物经济产业链、供应链水平。

三、骨干企业培育行动

培育一批生物经济全球领军企业、瞪羚企业、独角兽企业，引导创新资源向骨干企业集聚、扶持政策向骨干企业倾斜。创建世界一流企业，营造良好营商环境，深化企业改革，促使企业并购重组，组建大企业，选择条件较好、有多种生物技术药物生产文号的企业，进行重点支持，到 2035 年，形成 20 家世界一流企业，能够在国际资源配置中占据主导地位，引领全球生物技术发展，在全球产业发展中具有话语权和影响力。引导隐形冠军企业成长，引导中小型企业向“专精特”方向发展，到 2035 年形成 50～100 家世界级生物隐形冠军企业。

四、产业集群建设行动

根据本地区有比较优势、有国家级或省级开发区等载体，有产业集群基础、创新活动强、前景好等原则，支持有关省市开展生物经济世界级产业集群创建活动。加强大数据、人工智能、云计算等新兴信息技术在生物经济的嵌入和融合，通过技术创新、产品创新和模式创新促进生物产业向价值链高端转移，在保障基础卫生健康需求的基础上，增强丰富中端消费、满足高端消费的能力，到2030年，努力形成5～10个世界级产业集群。

五、质量标准提升行动

推动落实药品、医疗器械产品安全企业主体责任，党委和政府的属地管理责任，以及各级监管部门监管责任落实到位，加快构建覆盖药品全生命周期的责任体系。进一步完善药品质量评价体系，建立药品杂质数据库、质量评价方法和检测平台。健全仿制药一致性评价方法、技术规范，开展第三方检测、评价，提高仿制药质量。重点开展基本药物质量和疗效一致性评价，全面提高基本药物质量。开展中药有害残留物风险评估，加强中药注射剂安全性评价，维护中药产品质量安全。加强疫苗、血液制品等高风险药品安全监管，逐步建立药品、医疗器械分类分级监管制度。加大“两品一械”抽检和飞行检查力度，坚决遏制系统性、区域性药品安全事件。开展药品处方和生产工艺信息收集，分步实施上市产品生产工艺信息登记工作，规范生产工艺变更管理，从源头严控药品风险。

六、人才培育和引进行动计划

大力培育和引进高层次创新人才，培育一批能够突破关键技术、拥有自主知识产权的生物经济领军人才、跨界复合型人才，为生物经济建设提供人才保障。面向2035生物经济的关键任务，建设一批海外高层次人才创新创业基地，重点从海外知名企业及研究机构引进高层次人才，积极嵌入全球人才网络。放松外籍高端创新人才办理签证和绿卡的限制，以重大项目建设和工程研究中心、工程实验室、博士后工作站等作为重要科研平台，加大从海外引才、引智力度，加快生物经济创新人才的国际化进程。加大高技能人才培养力度，进一步深化教育体制改革，更加注重创新型人才、专业技能人才的培养，鼓励校企合作、企业办学和联合培养技能型人才。

七、示范项目带动行动

以国家重大工程、国防和军事应用为牵引，以提升基础产品质量和可靠性为目标，围绕生物经济关键技术产品研发、重点行业领域应用，鼓励首批次、首台（套）以及“四基”产品推广应用，形成上中下游互融共生、分工合作、利益共享的一体化产业组织新模式，每年遴选、实施一批试点示范项目，对符合条件的示范项目，给予补助或贴息，并优先列入国家、省市重大项目库等，支持企事业单位与生命科学研发机构合作，对首次合作的示范推广项目，给予补助。

八、资金保障体系构建行动

优化整合现有政府科技计划基金和科研基础条件建设资金等，提高财政资金效率，设立国家生物经济发展基金，探索对新创办的生物企业实施税收优惠政策，鼓励设立和发展生物技术创业投资机构与产业投资基金，引导社会资金投向生物经济，鼓励各类创新基金支持从事生物技术开发及其成果转化的中小型企业。

第三章　面向“美丽中国”的生物经济发展路线图

内容提要：在界定面向“美丽中国”的生物经济内涵外延基础上，本章分析了生物制造、生物能源、生物环保等重点领域国际国内发展现状及趋势，提出了面向2035的总体思路、发展愿景、发展路径和重大举措，描绘了面向“美丽中国”的国家生物经济发展路线图，为更好地推动“美丽中国”建设提供有力支撑。

党的十八大报告把生态文明建设纳入社会主义现代化建设总体布局，提出把生态文明建设放在突出地位，融入经济建设、政治建设、文化建设、社会建设各方面和全过程，努力建设美丽中国，实现中华民族永续发展。面向“美丽中国”的生物经济关系生态文明建设长远大计、关乎节约资源和保护环境基本国策，将有力支撑到2035年基本实现健康中国建设目标。

第一节　面向“美丽中国”的生物经济内涵外延及发展态势

一、内涵外延

面向“美丽中国”的生物经济核心是采用绿色生物制造技术，革新传统设计、制造技术和生产方式，加强资源节约利用和生态环境保护，主要包括生物制造、生物能源、生物环保。作为现代生物产业的核心，生物制造涵盖了从生物资源到生物技术，再到生物产业的价值链，集中体现了现代生物技术在医药、农业、能源、材料、化工、环保等多个领域的应用。生物能源是指利用自然界的植物以及城乡有机废物转化、生产的能源，主要包括生物质发电（包括作物秸秆、生活垃圾、禽畜粪便等）、生物质制燃料乙醇（包括粮食作物、经济作物、农林废弃物等）、生物质制生物柴油（包括油料作物、油料林木、微藻等）、生物质裂解制油、生物制氢、生物质制沼气、生物质固体成型燃料等。生物环保是指将生物技术应用于环境保护，主要体现在工业生产过程中清洁生产及生物技术应用于环保产业。

二、重要作用

绿色生物制造是以生物工具为核心重构绿色可再生产业的新型制造模式，将从根本上改变化工、能源、轻工、材料等传统制造业过度依赖化石原料的不可持续加工模式，是推动工业制造向绿色、低碳、可持续发展模式转型的重要方向，是新一轮经济发展和未来产业布局的重点领域。当前，环境污染和温室气体排放形势严峻，新环保法的实施将使传统行业面临更严格的法律和制度约束。生物制造工艺具有资源消耗小、污染排放少的特点，将绿色生物制造技术渗透到包括能源、材料、医药、食品、环境保护等国民支柱产业的发展，对中国的经济转型升级具有重要作用。

三、国际态势

（一）产业规模不断扩大

在生物制造领域，2017 年全球生物基化学品和材料产量在 5000 万 t 左右，欧盟、美国提出到 2030 年和 2050 年生物基化学品和材料占整个化学品和材料市场的比例将分别达到 30% 和 50% 。据欧洲生物塑料协会和 nova- Institute 调研数据显示，全球生物基塑料产能将从 2018 年的约 205 万 t 增长至 2023 年的约 244 万 t，市场增速在 20% 以上，其中聚乳酸（PLA）、PBAT 塑料、聚羟基烷酸酯（PHAs）、聚丁二酸丁二醇酯（PBS）是促进增长的主要驱动力。在可再生化学品领域，颠覆石化路线的基础化学品 1,3- 丙二醇、1,4- 丁二醇、丁二酸、乳酸、3- 羟基丙酸的生物制造新路线已经实现产业化，根据 Stratistics MRC 公司公布的统计数据，2015 年全球可再生化学品市场规模已经达到 4857 亿美元，预计到 2022 年将会达到 12 280 亿美元，年均复合增长率可达 14. 17% 。

在生物能源领域，根据前瞻产业研究院发布的《2018 全球生物质能源行业市场现状及发展趋势分析》研究报告，2017 年世界生物燃料产量达到 84 121ktoe，同比增长 3. 5% ，虽然增速远低于近十年来得平均水平 11. 4% ，但却是近三年增速最高的年份。其中，美国的产量增长最快，达到 95 万 toe。从不同燃料类型的贡献情况来看，2017 年对于全球生物燃料产量增长贡献最大的是乙醇。该年度乙醇的产量达 977. 6 亿 L，同比增长 3. 5% ，贡献率超过 60% 。虽然近年来增速有所放缓，但全球乙醇产量规模已较十年前的505.7亿L上涨了近1倍；2018年全球燃料乙醇产量接近1000亿L。根据 *Renewables* 2020 *Global Status Report*，2019年全球生物柴油（FAME）产量为404亿L，全球前三大生产国印度尼西亚、巴西、美国占比分别为19.3%、14.4%和9.8%。

在生物环保领域，随着全球经济一体化、环境保护和可持续发展的呼声日盛，世界环保市场也出现迅速发展的势头。根据中国环境谷发布的《全球环保产业发展现状与趋势》研究报告，发达国家和地区在技术水平和市场份额上占有绝对优势，2019年全球环保产业市场规模达到11 682亿美元。水供应/废水处理、回收/循环和废弃物管理市场规模不断扩大，2019年全球环保产业中水供应/废水处理领域市场规模最大，达到6606.2亿美元，占比为56.6%；固废处理和环境服务位列其后，三个领域合计规模超过1万亿美元，占比为87.8%。

（二）技术研究取得重大突破

在生物制造领域，随着基因工程、合成生物技术、代谢工程技术的突破，传统石油化工产品正不断地被来自可再生碳原料的生物基产品所替代，新一代工业菌种的构建日趋加快，在不改变原料、装备、投资等情况下，一个菌种性能的进步即可实现一个产业的倍增。

在生物能源领域，细胞内氨循环工程的推进，实现了C4和C5醇在细菌、酵母菌和海藻中的高效生产，理论转化率从2.3%提高到56%，燃料醇最高产量达到4g/L，为蛋白质能源化利用奠定了坚实的基础。

在生物环保领域，高通量分离筛选技术、未培养微生物的原位培育技术、基于拉曼单细胞微流控分选技术等前沿技术的应用，使得定向发掘高效环境微生物资源成为可能，而高通量测序、各种组学技术、计算生物学技术等为人们认识环境微生物及其功能，并对环境工程微生物群落结构进行优化、调控提供了重要支持。

（三）地区（市场）主要分布在发达地区

在生物制造领域，2017年，世界主要经济体加强生物科技领域战略布局，围绕生物制造关键技术研发与重要产业发展提出规划。美国能源部、农业部在综合生物炼制、二氧化碳生物转化利用、创新生物能源开发、大型藻类生物燃料技术创新方面分批次投入逾亿美元研究资金。2017年，美国能源部和农业部食品与农业研究院宣布联合投资2270万美元，用以支持综合生物炼制优化项目，旨在降低与新技术应用有关的技术和财政风险，加速美国生物经济的增长，减少消费者的成本，进一步降低交通带来的环境污染和提升能源安全水平。欧盟宣布投入4800万欧元资助“低碳经济下CO_2再利用过程微生物平台”计划第二阶段项目，以提高微生物转化CO_2为化学品和聚合物的能力，减少工业等生产过程中产生的CO_2排放，将其转化为有用产品。英国生物技术与生物科学研究理事会宣布从英国政府旗舰产业战略挑战基金额外获得1660万英镑经费，用以资助新的工业生物技术和农业技术的开发，促进英国生物经济的发展。

在生物能源领域，根据美国可再生燃料协会发布的统计数据，2018年世界燃料乙醇产量8511万t，美国和巴西燃料乙醇产业分别为4796万t和2365万t，合计约占全球总量的84.1%（国家发展和改革委员会创新和高技术发展司和中国生物工程学会，2019）。在生物沼气领域，欧盟地区的沼气技术处于世界领先水平，德国、丹麦、瑞典等国的沼气工程技术及装备已达到标准化、系列化、工业化水平。2018年全球沼气产量约为580亿m^3，其中德国沼气年产量超过200亿m^3。在生物质发电领域，国外在生物质发电产业化方面成果显著。2015年，丹麦已建成130多家秸秆直燃发电厂，并将秸秆发电技术成功推广到瑞典、芬兰和西班牙等国家。

在生物环保领域，目前生物环保产业依然以美国、日本、加拿大和欧洲等发达国家或地区为主。总体上，生物环保产业在世界环保产业所占份额不大，其企业营业额大约占全球生物技术产业的3%。但是生物环保技术在治理环境方面，有着不同于物理、化学治理方式的特殊优势，世界各国对其十分重视，并积极开展技术研究和市场研发。随着世界各地环保政策的出台和对环保领域投资的加大，环境保护的要求日益严格，生物环保技术也将迎来新的发展空间。美国是当今环保市场上占比最大的国家，占全球环保产业总值的1/3（国家发展和改革委员会创新和高技术发展司和中国生物工程学会，2019）。但随着生物环保产业的比例慢慢增大，中国在生物环保方面会有很大的突破。

第二节　面向“美丽中国”的生物经济发展现状及面临形势

一、发展现状

（一）部分领域技术取得重要进展

一批关键绿色生物制造核心技术取得重要突破。“酵母长染色体的精准定制合成”被评为“2017年度中国科学十大进展”之一，首次实现了中成药灯盏花素的全合成。北京化工大学研发形成了典型复杂原料生物转化的核心技术，取得了 10 余项产业技术的重大突破，实现原料总利用率提高 15% 以上、系统总能耗降低 15% 以上、废物排放量减少 30% 以上的目标，有效促进中国工业生物化学品、生物材料及生物能源的生产技术快速发展。在绿色生物加工领域，中国科学院青岛生物能源与过程研究所提出发酵产品水相原位转化技术，不需要对发酵产物进行分离提纯，直接进行衍生化制备得到高附加值化学品。山东隆科特酶制剂有限公司参与完成的“半纤维素酶高效生产及应用关键技术”项目，突破了半纤维素酶中高密度发酵的技术瓶颈，解决了工业化高效生产半纤维素酶产量低的难题；开发了半纤维素酶高通量定向筛选技术，创制了 11 种具有自主知识产权的新型半纤维素酶，率先解析了 5 个半纤维素酶的晶体结构；发明了基于半纤维素结构的特效预处理技术耦合精准酶解工艺和装备，实现了工业化生产高品质益生元。中国科学院上海生命科学研究院开发了基于基因组探矿和高密度发酵的通用产酶菌株及制酶工艺，开发时间缩短至数周，酶过表达首轮成功率高达 85% 。团队依托中国科学院上海生命科学研究院及湖州和浦东两个技术孵化器与企业协同创新，已定制了 200 余种重组酶，形成种类齐全的酶制剂库，其单独或组合应用于 19 条生物催化工艺或酶制剂生产线，促进了中国生物催化相关产业的发展。

（二）生物制造先进技术初步实现规模化应用

作为工业生物技术的重要组成部分，糖工程研究与产业化在过去 10 多年中取得了丰硕的成果，新兴的以糖药物、糖链植物疫苗、功能糖食品为代表的高附加值糖工程技术产品的不断出现，孕育出了与大健康产业休戚相关的、覆盖多领域的糖工程产业。在此基础上诞生了一批多糖、寡糖药品及保健产品，尤其是多糖、寡糖在种植、养殖方面的推广应用，使得中国在糖生物工程产品的产业化与应用方面走在世界前列。一批生物制造先进技术初步实现规模化应用。例如，中国科学院天津工业生物技术研究所创新体外多酶体系和细胞工厂两条生物合成技术路线，建立了肌醇、番茄红素等高值化学品的生物合成路线，5 种产品实现工业规模推广应用，8 种产品完成中试验证。河北宁纺集团有限公司完成 10 万 m 布的纺织品染前退浆精炼复合生物酶制剂处理的示范推广，极大地推动了纺织行业向生物新工艺转型升级。

（三）产业规模持续增长

在生物制造领域，在一系列规划与政策的支持下，中国生物制造产业主要产品的年产值已经达到 5500 亿元以上，中国生物制造已进入产业生命周期中的迅速成长阶段。在糖工程领域，截至 2017 年，糖工程产业服务社会，应用于食品、医药、畜牧养殖、病虫害防治、农作物安全、生活日化等各领域，国内产值已达 800 亿元，占世界糖产业总产值的 10% 左右。2015 年中国糖工程相关企业大约为 256 家，随着“十三五”相关产业的推广，糖工程相关企业数量保持增长趋势，2016 年该行业企业数量约为 263 家，2017 年增长至 272 家。2016 年，中国功能糖总产量达到 300 万 t，其中糖醇类占总产值的 76.7%（230 万 t），低聚糖（寡糖）类约占 10.0%（30 万 t），微生物多糖类约占 4.0%（12 万 t）（国家发展和改革委员会高技术产业司和中国生物工程学会，2018）。

在生物能源领域，中国的生物质发电以直燃发电为主，技术起步较晚但发展非常迅速，主要包括农林生物质发电、垃圾焚烧发电和沼气发电。2020 年中国生物质能产业新增投资约为 1960 亿元。其中，生物质发电新增投资约为 400 亿元，生物天然气新增投资约为 1200 亿元，生物质成型燃料供热产业新增投资约为 180 亿元，生物液体燃料新增投资约为 180 亿元。2018 年我国生物质能发电量为 906 亿 kW · h，新增装机容量为 305 万 kW，累计装机达到 1781 万 kW。

在生物环保领域，中国生物环保行业稳步发展，部分地区围绕可持续发展目标，积极利用生物技术提升节能环保产业发展水平。例如，2016 年四川省规模以上环保产业从业单位达到 225 家，生物环保产业年营业收入达 491.8 亿元，其中自贡市超过 100 亿元，成都市超过 50 亿元，绵阳市超过 10 亿元；一批环保产品相继问世，产品覆盖水污染治理、大气污染治理等领域，其中专用设备制造业的环境保护产品销售收入超过 130 亿元，橡胶和塑料制品业、专业技术服务业的相关收入均超过 10 亿元。2017 年，深圳市生物环保行业实现营业收入超过 215 亿元，深圳市铁汉生态环境股份有限公司（简称铁汉生态）、东江环保股份有限公司（简称东江环保）等优秀企业快速发展，其中铁汉生态 2017 年营业收入高达 82 亿元，东江环保主要从事水治理和市政垃圾生物处理，其 2017 年营业收入近 31 亿元。

（四）绿色制造持续推进

绿色发展持续引领行业发展。企业在技术改造、节能降耗减排方面每年投入大量的资金，国家在绿色制造方面也给予政策、项目、资金支持，绿色发展取得了显著进步。以柠檬酸行业为例，近年来柠檬酸的技术指标每年都在持续地进步，资源消耗逐年降低。2018 年，柠檬酸行业平均产酸率为 16.9%，上升了 0.2 个百分点；2018 年行业平均发酵周期为 60.4h，缩短了 0.5h；平均成品粮耗为 1.7t/t，较 2017 年节约 1.7%；平均气耗为 2.5t/t，较 2017 年节约 10.8%；平均耗电 616（kW · h）/t，较 2017 年节约 6%；平均水耗 15.6t/t，较 2017 年节约 3.2%。

二、存在问题及原因分析

（一）原料供给掣肘生物能源产业

在全球气候变暖和社会经济发展的双重压力下，生物质能源需求不断增加，生物质能源产业得到快速发展。但粮食供给与生物质能源原料供给之间的矛盾日益突出，尤其是对农业生物质能源而言，在土地资源有限条件下，能源类作物种植面积的增加必将会导致粮食作物种植面积的减少，因此如何解决土地与生物质能源原料的供需问题成为当前国外研究的热点之一（Bos et al.，2016）。

作为世界人口大国，中国耕地资源相对短缺、粮食资源相对匮乏，倘若无限制地发展生物能源，可能会造成粮食危机。例如，中国酒精柴油的生产在很大程度上依赖于粮食。非粮食生产的酒精在研制过程中还存在较大的困难，生产规模较小，很难达到商业化秸秆等生产原料的聚集也是亟待解决的问题之一。如果利用粮食与非粮食结合的方法生产酒精，非粮酒精的生产则需要大量的木薯，而中国对木薯的需求来自越南、泰国等国，仅泰国就占据中国进口数额的 80%，而泰国的限制出口政策也使其价格不断攀升，生产成本大幅度提高。

（二）技术落后影响产品竞争力提升

生物能源的发展是为经济发展服务的，但中国的生物能源相关技术和研究都远远落后于发达国家，技术落后造成了生产成本大幅度增长，使得国内生物能源在价格上竞争力明显低弱，相关产品竞争力低下。中国在生物能源的质量上也相对落后，在浪费了大量的耕地资源、粮食资源、人力资源的同时，却未使相关企业得到客观的收益，对相关产业的发展形成了一定的阻碍。同时，这种作用又是周而复始的恶性循环生物能源产业的发展和进步，需要以先进的科学技术作为支撑。

（三）过度开发增加环境负担

生物能源作为可再生能源，与农作物、林业等不可再生能源有着千丝万缕的联系，无限制地发展生物能源，势必会造成这些能源的损耗和破坏。作为洁净的能源之一，生物能源是减少温室气体排放的有效手段，但无限制地开发利用生物能源，可能会产生更为严重的破坏。更有甚者为了追求生物能源而在某一地区单一地种植某一种作物，影响生态平衡，使生态环境的自我恢复能力大为减弱。

三、机遇与挑战

（一）政策支持力度加大

《国家中长期科学和技术发展规划纲要（2006—2020 年）》将生物技术作为未来着力发展的战略高技术，先后制定发布了生物产业“十一五”“十二五”“十三五”发展规划，加快促进生物技术与生物产业发展，并针对生物制造、生物基产品、生物质能、轻工业等重要部门制定专项规划，围绕生物制造重大技术需求布局国家重点研发项目，在重大化工产品生物造、微生物基因组育种、工业酶分子改造等核心技术，以及工业生物催技术、生物炼制技术、现代发酵工程技术、绿色生物加工技术等关键技术上取得重要突破。2015 年，国务院发布《中国制造 2025》，提出全面推行绿色制造，积极引领新兴产业高起点绿色发展，大力促进包括生物产业在内的绿色低碳发展，高度关注颠覆性新材料对传统材料的影响，做好生物基材料等战略前沿材料的提前布局和研制。2016 年，国家发展和改革委员会发布《“十三五”生物产业发展规划》强调，提高生物制造产业创新发展能力，推动生物基材料、生物基化学品、新型发酵产品等规模化生产和应用。

（二）环保压力加大推动生物技术加快应用

国家对环境保护、资源能源消耗的需求逐年提高，清洁生产、末端治理和资源综合利用新技术将加快推广应用。生物制造加工过程具有节省能耗、物耗、水耗，以及降低污染物排放的环境友好型的特点。生物制造相关技术应用到纺织、制药、造纸、制革等多个行业，可以解决中国制造业从“高排放、高消耗”到“低能耗、低污染、高收益”转变的迫切需求，为经济转型升级提供强劲的“绿色动力”。趋严的政策监管为整个生物环保产业带来更广阔的市场空间。2017 年中国从事水污染治理行业的单位总计超过 1.5 万个，行业实现销售收入约 4000 亿元，比上年增长 14.5% 左右。在市场需求扩大和政策利好的双重刺激下，生物制造、生物能源、生物环保未来发展空间广阔。

（三）发达国家技术脱钩和封锁

中国在生物技术领域的快速发展已经引起发达国家担忧，2018 年美国商务部下属的工业与安全局公布了新兴技术管制名单，包括生物技术在内的 14 个新兴技术被限制出口。近年来，美国加快收紧中国企业在美国的投资并购活动，凡与生物技术研发等领域相关的投资，无论是生产、设计、测试还是研发，都必须向美国外资投资委员会申报。当前，中国生物技术水平与国际先进水平相比存在差距，2019 年 PCT① 专利分布的 35 个技术领域中，生物技术 PCT 专利申请公开量 16 942 件，其中，美国以 6107 件稳居第一。2020 年 10 月，美国发布《关键和新兴技术国家战略》，其中包括生物技术等 20 项“关键和新兴技术”，美国将联合其盟友和伙伴加强这些领域人才交流与合作，并充分控制该领域的进出口贸易，未来中国在生物技术领域与世界发达国家的合作的难度将增大。

第三节　面向“美丽中国”的生物经济发展战略构想

一、总体思路

以“绿色发展”理念为指导，以产业化为导向，建立现代生物制造产业的支撑技术与装备体系，打破国外专利壁垒，解决中国生物制造产业的核心技术供给问题；加快推进生物制造技术在发酵、化工、制药、纺织、饲料、食品等行业的应用，形成绿色产业园区示范；大力发展高性能生物环保材料和生物制剂，加快高效生物监测、治理、修复及废物利用等成套技术工艺和装备的示范应用，扩大绿色低碳生物经济规模；大力发展可再生能源产业，加快生物能源替代化石燃料，抢占绿色生物制造产业制高点。

二、发展愿景

到 2025 年，生物制造技术创新能力明显提升，发酵工程、酶工程、生物催化与生物转化、糖工程、生物装备等领域实现突破性进展，工业酶催化剂的智能设计不断完善，2 ~ 3 种新酶完成工业催化的技术验证；初步构建高效食品工业酶生产菌种与酶库，开发 5 种以上具有自主知识产权的重要的医药中间体生产相关酶及食品工业用酶，并实现吨级以上产业化生产；通过基因组重构合成具有自主知识产权的工业菌种，目标产物的发酵浓度、转化率与生产强度明显提升，2 ~ 3 个工业菌种完成中试；建立工业微生物菌种基因组重排构建的技术体系，实现 20 个代谢基因以上长途径的复杂化学品菌种的高效构建。生物能源技术应

① 指专利合作条约。

用市场不断扩大，生物质先进燃烧发电技术、生物燃气高效制备与综合利用技术取得明显提升。面向生物能源制造的高效膜分离技术实现重要突破，研发 4 种以上适合发酵产物分离的高效节能膜技术。生物环保技术应用范围不断扩展，短程硝化技术、厌氧氮氧化脱氮技术等水污染治理生物技术普及加快，2025 年工业废水处理行业市场规模达到 1500 亿元；在水污染治理、大气污染治理及废气处理、固体废弃物治理等生物技术领域形成一批具有较强市场竞争力的绿色生物制造企业。

到 2030 年，发酵工程、酶工程、生物催化与生物转化、糖工程、生物装备等领域应用示范进程加快，开发不低于 5 种具有自主知识产权的可工业化应用的固定化酶工艺，实现 10 种以上医药与食品的酶法生产应用；实现 2 ~ 3 条酶法生产医药关键中间体的百吨级规模生产示范线验证。谷氨酸、赖氨酸等 1 ~ 2 种实现 10 万 t/a 及以上生产示范线验证，苏氨酸、色氨酸等 2 ~ 3 种实现 1 万 t/a 及以上生产示范线验证，并达到相应的工程化指标。全国大中城市固体废物利用量明显提升，一般工业固体废物综合利用量占利用处置总量的 50% 。

到 2035 年，整体科技实力达到国际先进水平，耐高温谷氨酰胺转氨酶、食品安全级漆酶等 4 ~ 6 种人造肉生物制造用食品酶高效制备技术明显提升，围绕植物蛋白肉品质与结构改良所涉及的关键酶制剂，细胞培养肉所涉及的大规模、低成本培养等申请发明专利 30 项以上，并形成系列专利群；实现 2 ~ 3 条人造肉高效生物制造的产业化示范。天然活性产物生物制造技术取得重大进展，建立新型高活性天然产物转化酶系 20 ~ 30 种，获得特稀有抗肿瘤和降糖、降脂等高活性、高附加值天然产物及其衍生物的自主知识产权工程菌 10 ~ 20 种。藻类规模化培育与能源转化技术应用取得重大突破。膜法生物燃料分离应用示范规模达万吨级，与现有生产技术相比分离成本节约 20% 以上。水污染治理生物技术、大气污染治理及废气处理技术、固体废弃物治理生物技术、盐碱土改良生物技术与荒漠化治理、环境监测生物技术与生物过程监控技术、环境污染治理关键生物技术等生物环保技术应用取得突破。

三、发展路径

（一）推动技术创新

加强基础研究。在生物制造领域，重点关注工业酶催化剂的智能设计，针对化工、制药等产业的重要化合物、具有重要应用前景的新化合物或者复杂化合物的高效和规模化生产需求，解析酶蛋白的结构与功能关系，开发酶分子设计的核心算法和工具箱；设计和构建具有高活性、高稳定性和良好操作鲁棒性的工业酶催化剂，重点围绕碳氢键官能化，碳链延长等化学品合成重要反应进行验证，为新产品和新工艺提供新的可实用工业酶催化剂。加快生物制造工业菌种构建，通过多组学、人工智能、合成生物学等多学科的理论与技术手段，以及研究结构紧凑的基因组序列设计与切分原则，为设计可导入或替换大片段 DNA 的功能基因组提供理论基础；开发大片段 DNA 导入和野生型基因组替换方法，解决遗传转化效率和重组频率低的技术难题；通过系统探究基因组的可塑性，安装新遗传特征，通过基因组重构合成具有自主知识产权的工业菌种，提升目标产物的发酵浓度、转化率与生产强度。逐步掌握生物质制取高品位液体燃料中热化学、化学、生物转化机理及调控等重要理论；逐步解决生物质发电技术工艺、成套装备开发、示范工程可靠运行等科技和工程问题。

加强关键核心共性技术攻关。在食品工业酶创制与催化领域，建立以食品高效生产和绿色工艺为导向的新酶的发现、改良与应用核心技术体系，开发性能优良的食品配料生产与加工工业用酶和生产菌株；开发连续化生物催化工艺和耦合体系，实现食品的酶法生产应用。在轻工业核心酶创制领域，建立有重要应用价值的轻工业酶分子设计与智能改造、高效生产、加工及应用工艺等关键核心技术体系；揭示轻工业酶蛋白适应特殊应用环境的结构基础及其高效表达相关的新机制；基于酶分子高效设计技术，实现酶的环境适应性改造；构建具有自主知识产权的稳定高产的轻工业核心酶生产菌株；建立新一代轻工业核心酶高产菌株和发酵工艺集成技术。在工业菌种基因组人工重排技术领域，重点开发工业微生物的基因组结构重排技术，筛选目标途径调控的新关联基因，研究代谢途径的新调控点发现的新策略；在模式生物到工业菌种、不同工业菌种之间，发展重大产品合成途径的跨菌种调控靶点发现和应用技术体系。在智能生物制造过程与装备领域，研制生物过程智能传感装备，为生物过程的智能感知数据获取提供技术和装备支撑；研究生物过程中的数据科学技术，建立典型工业微生物过程大数据库，解决复杂生物过程代谢机制解析、过程建模与优化控制的智能决策等关键问题；建立基于大数据-机理混合驱动的智能管控系统，实现生物过程实时在线智能分析、诊断与精确控制；以工业互联网和物联网为基础，将智能生物过程与企业制造执行系统（MES）和企业资源计划（ERP）相结合，在重大生物产品上实现生产企业智能化全局优化与监管。在生物能源领域，研发高效节能的膜分离技术与成套设备，提高发酵产物的分离效率与收率。重点突破发酵液净化的小孔径陶瓷膜、溶剂分离及发酵气源调变的分子筛膜、发酵尾气治理的复合膜技术与成套设备；研发用于发酵液成分在线检测的膜传感器；研发生物发酵与膜分离耦合一体化的关键技术与装备；突破低成本生物燃料等清洁生产关键技术，建成生物燃料高效分离的工业应用示范。

完备技术体系。强化绿色生物制造领域“卡脖子”技术识别与评估，动态梳理各领域“卡脖子”关键技术及供应链风险，在原始创新端发力，在产业链上游做足文章，突破一系列基础研究问题，掌握基础技术、共性技术，向上游回溯、向高端布局，以此引导和倒逼“卡脖子”技术突破。强化企业的主体责任，鼓励发挥企业家精神，积极开展技术攻关，并将技术升级实时转化为经济效益。

建设绿色生物技术创新平台。建设工业合成生物设计研发创新平台，提升合成生物工程化、规模化应用技术能力，大幅缩短合成生物的研发周期和成本，促进以工业合成生物为核心的生物制造技术产业示范，培育出一批具有国际竞争力的龙头企业，大幅降低医药化工、材料化工、生物发酵等行业的生产成本，提升绿色生产水平。适应创新组织方式变革趋势，加强政产学研协同创新，搭建工业合成生物科技研发、成果转化、创新创业一体的创新平台，构建组织运行开放、创新资源集聚、治理结构合理的创新共同体，组织全国优势企业以企业会员制方式，共同参与创新平台的建设与运营。

（二）提高供给质量

提升绿色生物技术产品质量。围绕生物基化学品有效供给，加快乙烯、化工醇等传统石油化工产品的生物质合成路线的开发，实现生物法 DL-丙氨酸、琥珀酸、苹果酸等产品的中试或小规模商业化。加快现代发酵产业发展，形成以赖氨酸、柠檬酸等大宗产品为主体，小品种氨基酸、微生物多糖等高附加值产品为补充的多产品协调发展的产业格局。加快发展生物基材料产业，形成以可再生资源为原料的生物材料单体的制备、生物基树脂合成、生物基树脂改性与复合、生物基材料应用为主的生物基材料产业链。重点突破高效低成本的非粮生物质液体燃料原料生产、处理和制备技术瓶颈，建设万吨级生物质制备液体燃料及多产品联产综合利用示范工程，推进生物质液体燃料与其他替代石油基原料化工产品的规模化生产及生物质全株梯级综合利用。有序开发利用废弃油脂资源和非食用油料资源发展生物柴油。推进利用纤维素生产燃料乙醇、丁醇等的示范，加大油藻、纤维素生物柴油和生物航空燃料等前沿技术的研发力度，推动产业化示范与市场应用。

培育壮大领军企业。鼓励创业投资机构和产业投资基金投资绿色生物制造技术项目，鼓励、引导金融机构支持绿色生物企业发展，支持信用担保机构为绿色生物企业提供贷款担保，支持知识产权质押贷款。支持绿色生物制造企业利用资本市场融资，开展生物企业联合发行企业债券试点等。将产业转移工业园、高新区、开发区、民营科技园、特色产业基地及“三旧”改造形成的产业园等各类园区作为绿色生物制造领军企业招商载体，大力保障重点项目用地需求。鼓励领军企业建立各种形式的科技研究开发机构，对新技术应用推广、科技成果转化等科技项目，在科技立项中给予倾斜支持。

推动绿色生物制造产业集群发展。针对地方比较优势和生物产业链条特点，突出重点和区域特色，统筹规划和布局，建设若干高水平的国家绿色生物制造产业基地，大规模聚集世界绿色生物制造技术人才、资金和技术。以建立国家绿色生物制造产业基地为载体，加强绿色生物制造产业创新能力基础设施建设，大力发展测量、测试和质量控制、技术中介机构等创新服务，通过营造良好的绿色生物制造产业发展软、硬环境，加速企业集聚。

强化科教人才支撑。完善高层次人才创业激励保障政策，吸引和支持绿色生物技术专家型和高级管理型两种人才进入生物技术孵化器。加大创业启动资金支持力度，提供厂房和办公室使用优惠政策，并加大对生物技术解化器的投入。建立高校与科研机构之间的沟通机制。加速人才在"产学研"各个环节的流动，建立高校、科研机构和企业之间的"双向交流制度"，支持高校、科研机构和企业联合建立研发中心。增强企业之间的研发合作，形成技术联盟。

（三）拓展市场需求

实施绿色生物制造技术应用示范。在生物制造方面，建设先进的生物化工材料制造创新技术体系，加强生物化工材料制造工程化技术研究，搭建科研与产业之间的桥梁和纽带。开发食品工业合成菌剂，发展直投式食品发酵加工技术和大分子降解预消化及功能成分富集技术，为开发针对糖尿病、高血压、脂质功能异常等特定人群靶向食品提供技术支撑；进行食品生物合成与加工工程化技术研究，并通过市场机制向相关企业转移转化技术成果。政府各部门、国企等优先采购和使用生物基可降解塑料袋、环保水杯，促进生物基材料产品推广。在居民消费领域适时地引导人们的消费观念，引导居民消费可降解产品。

强化绿色生物制造安全标准与监管。研究制定生物基产品的行业标准和风险评估办法，更新管理评价制度，提升监管效率及风险管控能力。制定生物基产品相关标准，鼓励第三方机构进行生物基产品与工艺的绿色认证。研究建立适应绿色生物制造新技术、新产品、新业态、新模式发展的包容有效审慎监管制度，推动由分散多头监管向综合协同监管的转变。完善绿色生物制造产品上市后的不良事件监测、召回、退出制度，建立守信企业"绿色通道"和失信企业"黑名单"。

积极拓展海外市场。鼓励绿色生物制造企业充分利用两种资源两个市场，加快整合配置全球创新要素和创新资源。在"一带一路"沿线国家重点开展国际产能合作，推动国内优势企业“走出去”，带动整个行业抢占国际市场。支持有竞争力的绿色生物制造企业开展境外并购和股权投资、创业投资，建立海外研发中心、生产基地和销售网络，获取新产品、关键技术、生产许可和销售渠道，加快融入国际市场。

（四）强化资源保障

科学促进生物资源开发。研究中国可用作能源的农林残余物生物质资源，根据中国农业和林业生产与加工的地理特征，分析每个区域的生物质资源种类、燃料特性、季节和利用途径，掌握其收货、运输和储存的方法，全面评价中国农林残余物生物质可用能源的有效量及其分布特征。结合中国农林生物质资源现状，研究开发与纤维素酶水解和发酵技术匹配的高效预处理技术。通过建设农林生物质原料生产基地，培育符合地域特色的品种，建立质与量可控的原料供应体系，形成农林生物质集中收集、储、运体系，控制原料成本。

合理推进生物资源应用。在粮食主产区建设以秸秆为燃料的发电厂，或将已有燃煤小火电机组改造为燃用秸秆的发电机组；在经济较发达、土地资源稀缺地区建设垃圾焚烧发电厂；在规模化畜禽养殖场、工业废水处理和城市污水处理厂建设沼气工程。利用沼气和农林废弃物气化技术提高农村地区生活用能的燃气比例，并把生物质气化技术作为解决农村废弃物和工业生产废弃物环境治理的重要措施。重点关注微藻生物质可再生能源的开发利用，研究藻种的选育、规模化培养，提高光能的高效利用，解决油脂积累和生物量积累不匹配问题。

（五）完善治理体系

研究制定生物基产品的行业标准和风险评估办法。更新管理评价制度，提升监管效率及风险管控能力，降低投资的成本和障碍，支持规模化生产。在确保环境安全和健康的同时，简化审批流程，建立透明、科学的政府监管体系，彻底消除重叠管理的不确定性。建立产学研用国家综合支持追溯机制，鼓励和保障源头创新。

完善绿色生物制造安全管理制度。完善产品质量安全体系和生产标准化管理体系，促进生产管理信息系统的建设和应用。在绿色生物技术企业内部，建立有效的质量监管体系，制定符合标准的操作规则，规范生产人员行为，保障生物安全。完善绿色生物技术生产管理制度，加强对受规管活动的管理、保持严格的监管链、保存各项记录、严格管理转基因工程材料、制定和实施定期审计制度、订立适应生物技术的生产人员培训方案，并制定应急和纠正行动计划，包括在有条件的大型生物技术企业，建立完善的质量追溯系统。

科学引导社会舆论。通过政府采购和公众宣传等支持生物基产品推广，生物基产品在中国还属于新兴概念，公众对其了解较少，对商家市场宣传中使用的多种环保和绿色等标签缺乏判别能力和信任，还需要具有公信力的权威机构的专业信息给予指导。国家须建立一套生物基产品认证体系，颁布权威的生物基产品标签，并将其纳入政府采购支持和公众消费文化引导等支持平台。

第四节 面向“美丽中国”的生物经济发展重大行动

一、实施生物制造创新平台建设行动

聚焦生物技术在产业提升中的重大需求，围绕工业酶创制与应用、生物制造工业菌种构建、智能生物制造过程与装备、生物制造原料利用等重点领域，到2035年新组建3个跨学科、跨领域的生物制造国家重点实验室，建立现代生物制造产业的支撑技术与装备体系，打破国外专利壁垒，解决中国生物制造产业的核心技术供给问题。建立以“机器学习、模拟设计、合成装配、高通量测试”为闭环的自动化生物创建基础设施平台，形成人工生物设计构建、工业菌种定制改造的核心能力。加强新型研发机构和中试与转化基地建设等科技成果转化平台建设。强化产学研结合，充分利用高校和科研院所的人才、技术和科技成果优势，推动技术转移转化，孵化和培育一批科技型企业。

二、推动生物技术产业化行动

加快建设科技成果孵化转化中心，完善“基础研究—技术创新—产业示范”的全链条设计，建立生物制造技术在发酵、化工、制药、纺织、饲料、食品等行业的应用，实现大宗化工产品和化工聚合材料的万吨级生物制造生产及精细化学品生物合成路线产业化。构建高效医药与食品工业酶生产菌种与酶库，开发5种以上具有自主知识产权的重要的医药中间体生产相关酶及食品工业用酶，如脂肪酶、普鲁兰酶、葡萄糖氧化酶、核酸酶、青霉素酰化酶、头孢菌素C酰化酶、海因酶、氨甲酰水解酶与天冬氨酸裂解酶等，并实现吨级以上产业化生产。

实施生物能源新技术惠民工程，优先选择能够稳定供应生物质资源、在有燃煤供热改造需求的城镇或工业企业，加快生物质燃料锅炉供热、热电联产发展，替代燃煤使用，改善环境质量。建设一批规模化生物燃气示范工程，开展运营机制创新试点，探索可持续、可复制、可推广的生物燃气产业化发展模式，建立生物燃气进入天然气市场机制，促进生物燃气规模化应用。

三、实施生物技术应用示范行动

依托生物基材料产业集群基地、行业先进生产企业、创新研发机构等在全国范围内实施生物基材料制品应用示范工程，不断提高生物基材料产业创新、规模化与产业链协调发展水平，大幅度降低产品生产成本和提升制品应用性能；重点研究适应多种农业秸秆生物质的绿色高效低成本的预处理技术、大型工业化秸秆预处理装备，发展农业秸秆类木质纤维素原料生产燃料乙醇、生物基对二甲苯、木质素基材料的成套技术，建成生物基对二甲苯中试试验装置和年产能不低于 2 万 t 的秸秆纤维素乙醇工业示范项目；围绕生物可降解材料产业的创新发展，开展非粮原料等含碳原料全生物合成制备新性能生物高分子聚合物的研究，开发 5 种以上应用制品，取得 5 项以上应用登记证，实现在聚合纤维、包装材料、农用肥料、医用材料等领域的应用示范；创建 10 种以上手性医药、食品添加剂和材料及其手性中间体绿色生物制造新技术，实现手性非蛋白氨基酸、手性胺、手性环氧化物等高值化学品高效合成，3 种以上实现百吨至千吨级的应用示范。

四、实施高端人才培引行动

加强对生物技术原始创新人才、工程人才、复合型人才的培养，积极推动绿色生物制造技术研发人才向国家生物产业基地流动。各地区要根据绿色生物制造的特点，以提高企业竞争力为核心，实施引智工程，加大关键技术人才引进力度；鼓励通过校企合作等方式，联合培养绿色生物制造技术人才；支持鼓励企业与高校、科研院所通过各类合作机制共建绿色生物技术研究基地和创新平台。建立健全绿色生物制造领域技术、技能等要素参与的收益分配机制，鼓励通过设立技术股等形式，充分调动人才的积极性和创造性。

五、实施企业培育壮大行动

设立绿色生物制造产业引导专项，积极争取市县财政，加大对绿色生物制造科技型企业培育、引进的支持力度；协调市县有关部门全面落实绿色生物制造科技型企业所得税减免、技术开发及技术转让增值税和所得税减免、研发费用加计扣除等支持政策；改革涉企资金支持方式，推动设立省、市、县科技保险资金池，鼓励商业银行为符合条件的绿色生物制造科技型企业提供授信，着力解决企业融资难、融资贵问题。研究支持创投基金设立天使类创新投资基金政策，解决初创型企业创新创业的融资需求，联合有关部门研究制定绿色生物制造科技型企业在“科创板”等上市的扶持政策，支持高新技术企业上市融资。

六、推进生物技术安全监管行动

强化生物安全监管，完善转基因生物安全技术标准、安全评价、检测监测、法律法规和监督管理体系；加强防范外来有害生物入侵；强化生物产业风险预警和应急反应机制；加强实验室生物安全监督管理，健全实验室生物安全体系；加强生物研究的伦理审查与监管，建立健全医学、农业等领域生命科学研究伦理审查监督制度；完善生物安全溯源机制；加强有关人类健康、环境影响、动物权利等项目的审查；积极参加国内外生命伦理会议，与相关领域专家针对生命伦理的理念、原则与程序进行交流。

第四章　面向“舌尖中国”的生物经济发展路线图

内容提要：在界定面向“舌尖中国”的生物经济内涵外延基础上，本章分析了生物农业国际国内发展现状及趋势，提出了面向2035的总体思路、发展愿景、发展路径和重大举措，描绘了面向“舌尖中国”的国家生物经济发展路线图，为更好地保障国家粮食安全和农业可持续发展提供有力支撑。

党中央始终把解决好“三农”问题作为全党工作的重中之重，把全面推进乡村振兴作为实现中华民族伟大复兴的一项重大任务，现代农业建设取得重大进展。当前和今后一个时期，内外部环境错综复杂，“三农”领域风险挑战增加，粮食供求紧平衡格局、优质农产品消费需求难满足问题没有改变，增强农业综合生产能力、深化农业结构调整等农业供给侧结构性改革任务仍然繁重。面向“舌尖中国”的生物经济是指采用现代生物技术手段的农业经济形态，为解决粮食产量、质量安全、环境污染等农业发展痛点问题提供有效手段，更好地保障国家粮食安全、满足居民消费升级和农业可持续发展需要。

第一节　面向“舌尖中国”的生物经济内涵外延及发展态势

一、内涵外延

面向“舌尖中国”的生物经济核心是生物农业，即按照生物学规律，采取现代生物技术手段的农业经济形态，主要包括生物种业、生物肥料、生物饲料、生物农药、生物兽药（动物疫苗）等重点领域。传统农业经济包括农业生产、交换、分配、消费等方面的经济活动和经济关系。由于特殊的土地制度背景，中国农业经济比较强调生产关系和经营主体，形成了生产、经营、产业三大体系。与此不同，面向“舌尖中国”的生物经济围绕生物技术在农业中的应用，从技术创新、产品供给、需求拓展、种质资源保护利用、安全监管等方面，强化生物农业技术供给与需求培育，其属于传统农业经济的生产力层面，涉及的生产关系较少。

如果扩展生物农业所处的产业链和功能层次，还可以从更加广义层面将面向“舌尖中国”的生物经济划分为生物种业、生物型生产资料、生物型食品加工业，其中生物型食品加工业，如中国生物发酵产业已成长为产值超3000亿元的庞大产业。鉴于生物型食品加工业体系庞杂，且属于面向“美丽中国”的生物经济的研究内容，主要聚集于狭义的面向“舌尖中国”的生物经济概念，即由生物种业和生物型农业生产资料构成的生物农业。

二、重要作用

随着生物组学、合成生物学等前沿学科不断突破性状遗传基础，基因编辑、大数据等新兴技术在农业领域的广泛应用，基于现代生物技术的农业经济形态将发生重大变化，不仅可以突破传统育种技术增产极限，为粮食等重要农产品单产持续提高提供新的技术手段，更好地保障国家粮食安全和解决全球饥荒，而且生物农业突出利用生物技术改造和提升农业品种与农作物性状，强调按照自然的生物学过程管理农业，在生产环节能够实现农业与环境的生态平衡，还能借助生物学方法提升农产品的质量安全和营养水平，更加符合新时期农业供给侧结构性改革和居民消费升级的新要求。

三、国际态势

（一）种质资源保护利用体系化建设成效突出

欧美发达国家高度重视农业种质资源保护。美国国立卫生研究院下属的国家研究资源中心资助建立了试验动物种质资源中心，美国农业研究菌种保藏中心（Agricultural Research Service Culture Collection，Northern Regional Research Laboratory）是世界上最大的微生物公共保藏中心之一，保藏着大约98 000个细菌和真菌分离株。1990年，美国国会批准建立国家遗传资源计划（National Genetic Resources Program，NGRP），其负责对重要的种质资源进行获取、描述、保存、记录和分发等活动并进行信息化共享。英国皇家植物园——邱园（Kew Gardens）目前已成为规模巨大的世界级植物园和全球重要的植物研究中心，启动于2000年的千年种子库计划，截至2010年已收集保存了全球24 000份重要和濒危的种子。随着人工智能、大数据、合成生物学、第三代测序技术等新技术的广泛应用，发达国家在种质资源的收集、保藏、分类、鉴定以及资源的开发利用等方面取得了许多成果，种质资源挖掘与利用向精准化、高效化、系统化迈进。截至 2019 年 6 月底，美国国家科学基金会资助的促进生物多样性收藏数字化计划创建的生物标本综合数字化平台 iDigBio 数据库已实现从动植物到化石等接近 12 亿份的标本数字化（丁陈君等，2019）。

（二）生物农业技术研究取得重大突破

高通量测序和基因组学技术为基因发掘与应用带来了革命性突破，引领农作物育种全面进入分子育种阶段，基因组编辑技术在作物品种改良方面已取得重大进展，实现了主要动植物和微生物育种的精准化。利用多基因叠加技术培育抗病虫、抗除草剂等复合性状改良作物新品种，以及具有营养保健功能的功能性品种、可用于生产医药产品的植物生物反应器是目前产品研发的主流方向（国家发展和改革委员会创新和高技术发展司和中国生物工程学会，2019）。新剂型研究、转基因植物、种药肥一体化技术、诱导抗性是世界生物农药发展的最新方向，生物农药的研究已进入分子生物学技术层面，涉及苏云金杆菌、诱导抗性、节肢动物等技术点的研究项目数量急剧增加。自 1895 年法国学者 Noble 首次在欧美推广微生物肥料产品以来，以生物菌肥为代表的生物肥料研发和应用不断深化，特别是近年来随着生物技术及分子生物学的不断发展，对不同菌种抗逆及促生机制的持续探索，新型促生菌不断涌现，不同菌种组合的复合型生物菌肥是最新的研究方向，未来有望取代化学肥料（李涛等，2019）。

（三）专利技术垄断趋势明显

总体上看，生物农业专利主要掌握在美国、德国、日本等国家手中，发达国家通过跨国农业巨头垄断着生物农业产业，在全球生物育种、生物农药、生物肥料三个领域申请人 20 强中，90% 以上为跨国公司申请人。在动植物育种方面，国际跨国种业公司作为生物育种产业发展的主体，通过实施商业化育种，掌控了 70% 以上农作物和畜禽等国际种业市场，其中美国无论是专利数量还是种子销售市场占用率均占据全球 50% 以上的份额，引领着全球生物育种产业的发展走向；在动植物健康方面，全球农药行业的大公司积极开展收购、并购，美国专利申请 10 强的申请量占全美专利申请的 40% 以上，日本前 10 的申请人占比也在 45% 以上，德国仅拜耳和巴斯夫两家公司的申请量就占德国全部申请量的 78% 以上（刘熙东，2017）。

（四）生物农业产业初具规模

以转基因农作物为核心的生物种业已开展商业化 24 年，根据国际农业生物技术应用服务组织的报告，截至2018年全球26个国家种植了1.917亿hm^2的转基因作物，美国、巴西、阿根廷、加拿大、印度5个农业大国转基因作物应用率均超过90%，1996～2016年转基因作物的经济收益达到1861亿美元。根据Cropnosis机构的估计，2017年全球转基因作物的市场价值为172亿美元，占2016年全球作物保护市场709亿美元市值的24.26%，占全球商业种子市场560.2亿美元的33.98%。2017年，全球农用微生物菌剂、疫苗和酶制剂的销售额约为120亿美元，其中微生物制剂对全球农业和环境的贡献是此类产品销量增长的主要原因。Mordor Intelligence的数据显示，全球生物农药市场价值在2018年约为31.47亿美元，2019～2024年年均复合增长率预计可达14.1%。

（五）生物农业政策体系日益健全

美国之所以能够在许多生物农业技术领域处于全球领先地位，除了强大的科研实力之外，还与其支持政策密不可分。美国早在1988年就发布了《美国作物基因库扩展国家计划》，将转基因育种技术列入其中，每年由联邦政府、州政府和私营公司共同出资5000万美元进行具有长远战略目标的转基因作物育种研究。为推动转基因技术产业化，1980年美国首次允许基因工程有机体被授予专利，1991年美国发布的《国家生物技术政策报告》中明确提出“调动全国力量进行转基因技术开发并促进其产业化”。转基因食品在美国甚至不需要强制性标识。此外，美国不少州还为转基因育种技术的产业化提供资金支持或实施税收优惠政策。截至2020年，美国是全球转基因作物转化体批准数量最多的国家，2018年达544项，涉及10种转基因作物。同时，美国国家环境保护局开创了全球生物农药简化登记先河，极大地促进了生物农药市场应用。为了防范生物安全威胁和化解技术安全争议，发达国家普遍建立了完备的生物农业监管体系。美国于1986年颁布了《生物技术管理协调框架》，确立了分工明确的农业生物技术监管机构，大部分生物农业产品都至少需要接受3家政府部门中两家的评估，部分需要接受全部3家的评估。例如，开发一项转基因产品需要审查9个步骤，历时18个月，并要求公众参与评论。欧盟对生物技术采取了更为严格的过程管理模式，即只要与生物技术相关的活动都要进行安全性评价并接受严格管理，如转基因技术的安全评估主要由欧洲食品安全局负责，审批时间需要2年以上，而且为了确保消费者的知情权和选择权，便于对投放市场的转基因食品进行追溯，欧盟对转基因食品实施要求极高的强制性标识制度，日本、韩国、墨西哥、挪威、波兰、澳大利亚、印度尼西亚、沙特阿拉伯等国也都采取了类似的强制性标识制度。

第二节　面向“舌尖中国”的生物经济发展现状及面临形势

一、发展现状及特色优势

（一）部分领域技术处于世界先进水平

中国农业生物组学研究位居世界领先水平，完成了 1.5 万余份水稻、小麦、玉米等作物种质资源在不同生态点的表型精准鉴定，精细定位和克隆了一批重要性状的有利基因，为农作物分子定向设计育种提供了重要基因资源与路径（国家发展和改革委员会创新和高技术发展司和中国生物工程学会，2019）。“十二五”期间，中国获得具有重大育种价值的关键基因 137 个，获得专利 1036 项，仅次于美国，取得了抗虫棉、抗虫玉米、耐除草剂大豆等一批重大成果。同时，中国在饲用酶制剂、饲用微生物、抗生素替代品等生物饲料制剂的研发方面取得了较大成果，尤其是饲用酶制剂及益生菌相关专利申请的数量处于国际前列。

（二）生物农业技术应用日益广泛

随着中国不断推动农业高效化、绿色化，以生物种业、生物农药、生物肥料等为代表的生物农业技术得到越来越多的市场认可（国家发展和改革委员会创新和高技术发展司和中国生物工程学会，2019）。目前，中国主要农作物自主选育品种占比达到 95%，做到了中国粮主要用中国种，在水稻、小麦、大豆、油菜等大宗作物用种上，中国已经实现了品种全部自主选育，转基因抗虫棉自主品种占比 96% 以上，转基因抗虫棉累计推广 4 亿亩①，减少农药使用 40 万 t，增收节支效益达 450 亿元。中国生物农药已发展出微生物农药、农用抗生素、植物源农药、生物化学农药、天敌昆虫农药、植物生长调节剂类农药六大类型，冈霉素、苏云金杆菌、赤霉素、阿维菌素、春雷霉素、白僵菌、绿僵菌等多个生物农药产品获得广泛应用，2018 年植物免疫蛋白阿泰灵的推广销售额达 1.2 亿元，已经成为生物农药的重要产品之一。同时，国内已有多个品牌的微生物肥料在市场上推广使用，形成了根瘤菌剂、固氮菌剂、溶磷菌剂等 11 类产品，截至 2018 年底累计应用面积超 3 亿亩。

---

① 1 亩≈666.7m²。

（三）生物农业产业规模持续增长

在粮食安全和国家政策的大力支持下，生物农业产业获得了长足进步。2018年，中国农作物种业市值稳定在1200亿元以上，继续保持全球第二的地位。与化学农药相反，生物农药具有病虫害防治效果好、对人畜安全无毒、不污染环境、无残留的优点，受农药零增长政策影响较小，近年来反而实现了销售收入的上涨。2017年，中国生物农药行业实现销售收入319.3亿元，同比增长5.7%。2018年，整个农药行业监管趋严，生物农药凭借相对环保优势取得较好发展成效。据测算，2018年中国生物农药销售收入约为360亿元，增速达到12.7%。近年来，中国生物饲料产值以年均20%的速度递增，其中发酵饲料添加剂产业规模持续扩大，主要的发酵产品从2010年的1800万t增加到2016年的2629万t，年总产值也从2000亿元增加到3000多亿元，2017年中国生物饲料发酵产品总量位居世界第一（国家发展和改革委员会高技术产业司和中国生物工程学会，2018）。2009~2016年，中国动物疫苗销售额从43.99亿元增长到131.13亿元，增长了1.98倍。目前，中国生物肥料产量居世界第一，2018年生物肥料企业发展到2050家、产品为11类、登记产品为6428个、产量达1600万t（国家发展和改革委员会创新和高技术发展司和中国生物工程学会，2019）。

（四）市场集中度逐步提高

近年来，种子企业在国内外的兼并重组极度活跃，2017年持有效生产经营许可证的种子企业数量已经由2011年以前的8700多家减少到4316家，中国化工集团有限公司（简称中国化工）完成对全球第一大农药、第三大种子农化高科技公司——瑞士先正达的交割，中国化工、袁隆平农业高科技股份有限公司（简称隆平高科）等进入国际种业前列，50强种业企业的国内市场集中度达到35%（国家发展和改革委员会高技术产业司和中国生物工程学会，2018）。动物疫苗行业的工艺水平差距较小，通过革新工艺、研发自主产品，头部企业已经基本完成了产业布局，全球排名前20的企业，如中牧股份、金宇生物等已经拥有和国际动保企业竞争的实力。根据中国兽药协会的数据统计，2017年销售额前10的动物疫苗生产企业市场份额达到50%。

（五）生物农业政策支持和安全监管体系不断完善

国家先后将转基因育种技术列入863计划、973计划、国家科技重大专项、战略性新兴产业等规划，并且随着国家和省级品种审定绿色通道及联合体试验体系的逐步完善，品种审定步入快车道，促进了中国新品种审定数量呈现“井喷式”增长（国家发展和改革委员会创新和高技术发展司和中国生物工程学会，2019）。2018 年全国审定（国审+省审）玉米品种数量达 1820 个，是 2017 年审定品种数量的 2.01 倍。为支撑生物饲料技术发展，中国先后建立了生物饲料开发国家工程研究中心、农业农村部饲料生物技术重点开放实验室等专业研发机构与平台。在社会民众最为关注的转基因生物安全领域，中国已经初步建立了转基因技术安全评估和管理体系。借助转基因生物新品种培育科技重大专项，完善了基因来源、价值评估认定的安全评价体系，建立了多年、多点生物安全评价和检测监测网络，以及转基因生物及其产品高通量精准检测技术。在转基因技术安全管理方面，制定了《中华人民共和国种子法》《基因工程安全管理办法》《农业生物基因工程安全管理办法》《农业转基因生物标识管理办法》《农业转基因生物安全管理条例》等法规，并构建起了转基因生物安全管理组织体系，由农业主管部门负责转基因生物安全的监督管理，为此专门设立了农业转基因生物安全管理办公室，卫生主管部门负责转基因食品卫生安全的监督管理工作，同时建立了多部门合作的农业转基因生物安全管理部际联席会议制度，农业农村部每年发布农业转基因生物监管工作方案。为了强化监管和满足公众知情权，中国实行“0 阈值”强制标识制度（即只要产品使用含有转基因成分的原料都必须注明），对转基因大豆、玉米、油菜、棉花和番茄 5 类作物 17 种产品实行按目录强制标识。

二、存在问题及原因分析

（一）原始创新能力有待进一步提高，新一代农业生物领航产品研发布局不够

重大育种价值基因缺乏，转基因、基因编辑、生物合成、全基因组选择等核心技术源头创新能力不足，基因、RNA、蛋白、代谢和整体表型水平的颠覆性生物设计技术还远不能满足新形势下的重大需求。中国目前批准的生物技术品种基本是第一代单基因产品，微生物酶制剂和动物疫苗高端市场基本上被进口产品所垄断，特别是缺乏催生新产业、新业态的生物新产品（江东洲和万建民，2019）。究其原因，一是缺乏战略性和基础性技术研究平台，对基因资源研究重视不够，在短平快考核体制下以风险相对较低、见效较快地模仿国际成熟、先进技术为主，导致对最新分子生物学研究成果应用相对落后；二是中国生物农业领域的研究以公共研究机构为主，科研经费和科技人员也过多地集中在政府所属的科研院所和高校，公共科研机构的评价体系又侧重于成果学术价值，科技成果存在较为严重的市场脱节问题，也因此无法获得企业资金的支持，不仅导致资金投入相对不足，还因商业化推进缓慢阻滞了技术更新迭代

步伐。

（二）企业竞争力整体偏弱，缺少与跨国公司竞争的龙头企业

通过兼并重组和创新发展，虽然中国在生物农业领域也涌现出中国化工、隆平高科、新希望集团有限公司、中牧等具有国际竞争力的龙头企业，但是总体上生物农业领域仍以中小型企业为主，存在典型的多、小、乱、杂、散的混乱局面，技术创新能力不足、产品结构单一，能与德国拜耳、美国杜邦、美国陶氏等超大型生物技术企业竞争的国内企业仅有中国化工一家。即便中国化工收购先正达后跻身全球农化巨头之列，但相关竞争对象也通过并购实现了竞争力提升，如同原全球农化六大巨头的美国陶氏化学和美国杜邦公司完成合并，德国拜耳收购了美国农业巨头公司孟山都，最终的结果是合并后的拜耳占据全球种业市场份额的40%，杜邦陶氏市场份额为30%，中国化工仅为10%，拜耳也通过并购一举成为全球最大的种子及农化品公司。同时，在生物农业的一些细分领域，中国相关企业研发能力和市场竞争力更弱。截至2017年底，中国登记农药产品总数为38 248个，其中生物化学农药、微生物农药和植物源农药登记产品数仅为1266个，占比为3.3%。另据统计，全国具备新兽药研发能力的企业低于10%。之所以如此，一方面是因为生物农业新产品研发周期长、技术门槛较高，阻碍了多数国内企业成长壮大；另一方面是因为中国当前的农业生产仍以传统方式为主，低毒高效绿色的生物农业新产品推广成本高，市场需求有限，尚不足以支撑企业持续成长。

（三）技术产业化应用滞后，新技术推广进展缓慢

高额的研发投入如果不能转化为超额的利益回报，则会极大地抑制企业对新技术的研发热情。目前，中国多个生物农业领域就存在技术产业化应用滞后的问题。例如，2018年动物疫苗在禽流感核酸疫苗研究方面取得了重大技术突破，但受资金投入不足、市场接纳度低等因素的影响，短期内核酸疫苗的市场规模依然极为有限（国家发展和改革委员会创新和高技术发展司和中国生物工程学会，2019）。尤其是转基因技术商业化应用更是举步维艰，因为国内对转基因技术和转基因产品的相关基础知识的宣传远远不够，科普宣传对象具有浓厚的精英色彩，公众认知受网络和媒体上误导性偏见和非理性判断的干扰极大。转基因农产品和食品强制标识制度不健全，转基因食品的辨识度低，进一步加剧了民众对转基因育种技术和相关产品的不信任感，导致中国转基因技术的产业化推广面临巨大的社会舆论压力。除了转基因棉花因为非食用，推广较为顺利外，大宗农产品转基因研究目前均停留在实验室（田），无法大面积商业化种植。此外，中国农

业技术推广体系已无法适应现代农业发展需要，经费短缺、人才匮乏、活力不足，再加上一些生物农业技术和产品标准化程度较低、市场秩序混乱、假冒伪劣横行，致使农业生产者对先进高效的生物农业技术认识不足，更无法有效掌握。

三、机遇与挑战

（一）生物农业发展面临前所未有的政策利好

国家将乡村振兴战略作为新时期“三农”工作的总抓手，要求五级书记抓乡村振兴，各级财政优先保障，在具体任务中提出现代种业自主创新能力提升工程、农业绿色发展行动。农业部（现农业农村部）更是早在 2015 年就制定了《到 2020 年化肥使用量零增长行动方案》和《到 2020 年农药使用量零增长行动方案》，提出示范推广应用生物肥料、生物农药。2019 年，农业农村部等七部门联合印发《国家质量兴农战略规划（2018—2022 年）》，提出加快绿色农业发展。当前及今后国家一系列政策激励有利于加大生物种业、生物型农业生产资料的研发投入，加快绿色高效的生物农业技术推广应用进度，扩大生物农业市场规模，推动生物农业成为企业转型、创业的新风口。

（二）消费需求升级助推生物农业市场规模扩大

当前中国人均 GDP 已突破 1 万美元大关，消费者加快从“吃得饱”向“吃得好”转变，安全、营养、功能食物需求增加。据统计，2014～2018 年，中国有机农业市场规模从 16.9 亿元增长至 24.3 亿元，复合增长率达到 9.5%。预计至 2023 年，中国有机农业市场规模将达到 34.4 亿元，2018～2023 年复合增长率达到 7.2%。根据农业农村部农产品质量安全监管司《关于政协十三届全国委员会第二次会议第 2817 号（农业水利类 262 号）提案答复》（2019 年），为满足城乡居民绿色优质农产品消费需求，近年来中国大力推动绿色有机农产品认证和标准化生产，截至 2019 年 8 月底，农业农村部已认证绿色农产品、有机农产品分别为 34 418 个、4366 个，建成绿色食品原料标准化生产基地 680 个，总面积达 1.65 亿亩。未来绿色优质农产品需求的持续增长将会进一步扩大绿色有机农业生产规模，进而为安全高效的生物农药、生物饲料、生物肥料等生物农业发展开辟了广阔的市场空间。

（三）安全事件频发引发社会民众担忧不利于生物农业技术产业化应用

近年来，农业领域尤其是转基因种植发生多起违规事件。2005 年 8 月 11 日，武汉科尼植物基因有限公司、武汉禾盛种衣剂有限责任公司和华中农大新技术研发公司在承担转基因水稻生产性试验过程中，“擅自扩大制种”，湖北省农业厅随即对已种植的上万亩转基因水稻进行铲除。2013 年，湖北天谷粮油食品有限公司加工销售的“天谷汉水源香米”被检测出含有“抗虫水稻 Bt63 转基因成分”（胡志毅，2013）。2018 年 7 月，山东登海种业股份有限公司公告承认涉嫌 2590 亩转基因玉米违规种植情况。2019 年初，农业农村部通报了 10 起农业转基因生物安全管理违规行为，其中 3 起为东北地区违法加工经营转基因玉米种子。此外，在生物饲料生产领域，在菌种、原辅材料、发酵技术及发酵过程也存在潜在安全隐患。动物疫苗的研发和制备及运输中更容易产生安全风险。已有安全事件和潜在安全隐患如果处理防控不当，极易引发民意反弹，阻滞相关技术研发进程和产业化步伐，甚至可能迫使政府停止资金资助或禁止相关技术研发应用。

（四）发达国家技术封锁与脱钩阻滞中国生物农业技术发展

特朗普担任美国总统期间，中美关系对抗性增加，美国不仅在贸易领域采取单边主义措施，还全面转向科技创新领域。针对中美逐步形成的创新链分工体系，美国正试图实施相应“围堵”“隔离”战术和“遏制”“脱钩”战略，试图全面控制乃至遏制中国在全球创新链分工体系中的崛起机会和发展空间（张杰，2020）。此举将不利于中国在生物农业领域与以美国为首的发达国家开展企业并购和正常技术交流，更无法引进先进的技术和人才。除此之外，国外农业公司通过对外专利布局、外围专利申请等“正当”手段构筑起越来越高的技术壁垒，进一步强化其技术领先优势。例如，在生物农药领域，美国发明人共申请专利 19 818 件，其中本国申请为 7953 件，对外申请为 11 865 件；德国发明人申请专利 9992 件，而德国在本国及欧洲专利申请分别为 710 件和 1661 件，向欧洲之外国家和地区申请专利 7621 件，对外申请数量远大于本国（区域）申请数量。综合来看，通过对外同族专利的申请，国外申请人平均一项技术产生的专利件数是 4.34 件（刘熙东，2017）。

第三节　面向“舌尖中国”的生物经济发展战略构想

一、总体思路

把握世界新一轮科技革命和产业变革的历史机遇，以保障粮食安全和重要农产品有效供给、满足人民群众日益提高的“舌尖”需求为出发点，瞄准中国生物农业发展中原始创新能力弱、企业竞争力弱、技术产业化慢等短板制约，夯实基础研究，突破重大关键技术瓶颈，提升原始自主创新能力，深化科技成果转化体制改革，破除生物农业技术转化政策障碍和舆论制约，示范培育市场需求，建设现代生物农业产业体系，形成具有国际竞争力的生物农业产业集群，为基本实现农业现代化提供坚实支撑。

二、发展愿景

到 2025 年，生物农业技术创新能力明显提升，在受制于人的生物农业核心关键技术领域实现突破性进展，在生物种业、生物肥料、生物饲料、生物农药、生物兽药（动物疫苗）等领域推出一批新一代农业生物领航产品。生物农业产业规模保持持续快速增长，主要农作物良种覆盖率稳定在 98% 以上，主要畜禽水产和设施蔬菜良种自给率、生物农药销售额占农药销售总额的比例显著提高。生物农业领域销售收入前 10 的企业市场份额持续上升，生物肥料、生物农药等领域形成一批具有较强市场竞争力的龙头企业。生物农业政策支持体系和示范推广体系基本建立，农业种质资源库建设取得积极成效，安全监管制度更加完善，推动粮食单产、农业资源利用效率和重要农产品质量安全水平持续提高。

到 2030 年，在合成生物技术、基因组学技术、动植物天然免疫技术、作物高光效育种等生物农业前沿和颠覆性技术方面取得阶段性重大成果，生物农业产业基本实现关键核心技术自主可控。生物种业、生物肥料、生物饲料、生物农药、生物兽药（动物疫苗）创新性产品占据国内市场绝大部分份额并大量出口，至少培育新增 1 个世界级生物农业龙头企业。推动生物农业发展的政策体系和体制机制更加成熟，动植物和微生物种质资源收集、保存与鉴定技术实现突破性进展，适应生物农业发展的安全监管制度基本定型，生物农业保障粮食和重要农产品持续增产、农业资源高效可持续利用和农产品质量安全的能力再上新台阶。

到 2035 年，生物农业领域基础研究、原始创新、技术创新与集成创新能力跻身世界一流行列，农业种质资源表型组学鉴定和优异种质资源筛选技术、动植物功能基因挖掘与分子设计育种技术、靶标特异农药先导化合物设计与合成等关键技术研究走在全球前列，培育形成一批享誉世界的生物农业跨国企业，生物农业技术得到全面普及应用，安全监管精准高效，生物农业成为保障粮食和重要农产品持续增产、农业资源高效可持续利用和农产品质量安全的核心手段。

三、重点任务

（一）推动技术创新

实施关键核心共性技术攻关。围绕保障国家粮食安全、重要农产品有效供给、提高农业国际竞争力的需求，针对农业绿色高效生产和质量安全关键问题，持续资助开展农业生物经济性状形成和器官发育的分子基础及其调控机制、农业动植物有害生物致病与天然免疫机制、农业动植物重要性状功能基因组学、肠道微生物及其作用机制等共性基础研究，重点开展农作物高效育种、主要畜禽全基因组选择育种、有害生物长效绿色防控等共性核心技术研究，前瞻布局并于2025年以后大规模开展合成生物技术、动物干细胞技术、作物高光效育种、高效固氮生物学等颠覆性关键技术研究。

加大应用开发研究力度。围绕生物农业新兴技术突破和市场需求，以作物资源高效利用、抗逆和提升功能品质为目标，开展表型与全基因组选择技术、基因改良与快速纯合技术及其在新品种创制中的应用，全面落实生猪、奶牛、肉牛、肉羊、蛋鸡、肉鸡遗传改良计划，扎实推进生产性能测度、遗传评估等基础性育种工作，多机构合作开展中国常用饲料原料的主营养成分及其生物学效价评定，大力推动高效动物疫病诊断试剂和疫苗制品研发制造，深入开展主要病虫害绿色防控配套综合技术集成及应用研究。针对中国生物农业研发资源过度集中于公共研发机构不利于技术应用的问题，充分发挥企业研发主体的高效率、亲市场特征，近期鼓励采取“企业申请、研发外包”模式，支持种业企业与公共研究部门联合成立科研机构，通过事业单位改革推动部分公共研究机构企业化改制。远期要强化企业与公共研究机构之间的分工协作，建立生物农业技术专利、信息共享平台。

推动“卡脖子”技术清零。发挥新型举国体制优势，强化农业技术安全评估与预警，动态梳理各领域“卡脖子”关键技术及供应链风险，重点突破重大育种价值的关键基因挖掘、主要园艺作物优质品种国产化育种、畜禽核心种质育种、新型生物农药兽药创制、新型生物肥料与化肥替代等技术，强化“卡脖子”技术专利布局，加快构建主要畜禽遗传育种核心种源，提高国产园艺作物、畜禽优质良种市场占有率和生物农药占农药销售收入的比例。

建设生物农业重大技术创新平台。围绕生物农业科技创新需要，抢抓国家新型基础设施建设历史机遇，建立生物农业分子设计和高通量筛选平台，统筹构建高水平规模化的公益性作物育种基础研究平台，面向主产区改造提升综合性种业科技试验基地。建成一流的重大动物疫病防治技术平台，建立中国饲料营养价值与需求营养需求大数据共享平台。新建改造一批农业基因组学、主要农作物生物学与遗传育种、动物遗传育种与繁殖、动物疫病病原学、兽用药物、作物有害生物综合治理等生物农业相关学科群的农业农村部重点实验室，规划布局新建一批生物农业工程（技术）研究中心、生物农业产业（区域）科技创新中心等应用研究创新平台。

加强生物农业技术创新国际合作。推动生物农业技术创新要素实现“走出去”与“引进来”的跨境流动。积极开展国际农业科技交流合作载体建设，支持与生物农业技术发达国家和粮农组织等，建立联合实验室、研究中心、工程中心、品种试验站、技术推广站等技术平台，鼓励开展技术引进合作项目，支持国内企业跨国并购生物农业技术世界领先企业。积极开展境外农业技术推广，在国内产业化推进缓慢的转基因育种等领域，率先开展境外产业化种植。

（二）提高供给质量

创新生物农业产品和技术服务。围绕国家粮食安全和重要农产品有效供给需求，培育一批高产、高效、优质、抗病、抗逆、适合机械化生产的农作物新品种，推广 RNA 干扰精准控害、植物免疫、信息素防控、生物防治等农作物有害生物绿色防控技术服务，选育一批具有自主知识产权的优质、高产、抗逆畜禽新品种，研究推广畜禽高效繁殖与胚胎工程技术，健全非洲猪瘟、禽流感等重大疫病防控技术体系，积极开发高效、安全的新型饲料添加剂、优质蛋白饲料原料，开发基因缺失标志疫苗、核酸疫苗、活载体疫苗、转基因植物可饲疫苗等动物疫苗新产品。改革基层公益性农技服务推广体系，开展地方农业科研院所、供销社与农技推广机构资源整合试点，鼓励生物农业技术企业与新型农业经营主体合作，发展一批应用生物农业技术的庄稼医院、植保公司、动物防疫技术服务公司等经营性技术服务组织，构建形成适应农业现代化的技术推广服务体系。

培育大型种业、农化企业。创新种业体制机制，深化种业“放管服”改革，依法加快种业行政审批，支持育繁推一体化企业逐步成为种质创新利用主体，发展推介一批以特色地方品种开发为主的专精特新种业企业，鼓励种子企业与科研院所和高等院校联合开展商业化育种，以育繁推一体化企业为基础，打造一批具有国际水平的现代种业企业。针对生物农药、生物肥料、生物兽药等领域国内企业规模小、技术弱的现状，近期要适度加快国内生物农业企业并购步伐，支持企业强强联合、同业整合、兼并重组，推动研发资源、品牌和供应链整合，支持高成长性的科技型生物农业企业在新三板、主板等上市挂牌。远期要重点培育跨国型、区域性生物农业龙头企业集团，支持重点企业开展对外投资并购和全球化布局，提高国际市场话语权和影响力。

推动产业集聚集群发展。在生物农业技术集中地区（如北京、上海、武汉等）整合现有公共研究部门，邀请大型农业企业参加，建立上下游结合、流水线研发的国家生物农业产业技术创新基地，打造若干国家级生物农业产业集群。支持成立区域性生物农业产业联盟、生物农业产业投资基金，持续优化生物农业产业生态圈。按照政府搭台、企业唱戏、农民受益、共享发展的方式，以科技创新为引领，发挥大型生物农业企业示范引领作用，建设现代农业产业园或农业科技园区，引导入园企业与科研院校开展产学研合作，探索建立项目形成、内部知识产权保护、效益分配等农业科技园区联盟协同创新机制，打造“星创天地”等孵化平台，搭建生物农业技术成果熟化转化的平台，吸引科技特派员带技术、带项目、带资金进园创业，制定出台土地利用、财税支持、信贷优惠、人才引进、创新创业、知识产权交易、企业孵化培育等方面的引导激励政策，为生物农业产业园区发展提供良好的政策环境。

加大资金投入。针对生物农业技术研究周期长、风险大等特点，一方面持续加大财政资金投入，国家科技重大专项继续支持转基因育种技术研究，加大中央级公益性科研院所基本科研业务费专项资金投入强度，实施生物农业领域重大科技项目、重大工程等重大科技计划，鼓励有条件的地方设立各类生物农业科技发展基金、科技成果产业化开发基金，重点投向基础性、前沿性、公益性关键生物农业技术研究，建立政府、行业、企业联动的生物农业新项目挖掘机制。另一方面创新投入方式和渠道，积极发展种业制种保险，发挥现代种业发展基金等政府基金导向作用，运用风险补偿、财政后补助、银政企合作、创投引导等方式，支持企业自主开展重大生物农业产业技术创新，引导金融资本、风险投资等社会资金参与建立生物农业科技创新基金，完善天使投资、股权投资和债权投资等融资服务体系，增强资本市场对生物农业技术创新的支持。

强化人才支撑。围绕生物农业“卡脖子”技术环节和基础前沿技术方向，深入实施农业科研杰出人才培育计划，强化中央和地方高端人才引进政策协同，面向全球招引生物农业领域杰出科学家、高水平创新团队，强化与生物农业技术领先国家开展人才联合培养。强化传统农学学科教育中的生物技术应用，增设农学、生命科学、信息科学等多学科融合的交叉学科，扩大农业院校免费本科生招生试点。完善公共科研机构人才考核评价体系，改变“唯论文”“唯专利”等人才评价办法，在成果鉴定上树立先进实用评价导向，对从事生物农业科技创新基础研究、技术研发、成果转化、管理服务等各类科技人员实行分类评价，取消入选人才计划数量，强化入选人才后续评价，完善科研院所、高校科研人员与企业人才流动和兼职制度。完善人才激励机制，创新分配制度，探索年薪制、股权、期权、分红等措施，提高科研人员成果转化效益分享比例。

（三）拓展市场需求

实施生物农业技术应用示范。围绕粮食安全和优质农产品供给，面向粮食生产功能区和重要农产品生产保护区，新建一批生物育种成果转化中试基地，建立生物农业技术应用示范区，加快非食用转基因作物新品种产业化步伐，推广拥有自主知识产权的高产、优质、高效粮食、园艺作物和畜禽新品种。依托国家农业可持续发展试验示范区（农业绿色发展先行区），将生物农药、生物肥料、生物饲料和生物兽药作为农业绿色技术重点推介产品，在生物农业技术和模式引进、集成、试验、示范推广等方面形成了一整套清晰的技术路线，通过多频田间示范试验、多渠道宣传培训、专家技术指导、政府采购统防统治、大户示范带动等措施进行推广普及，支持生物农业企业创新技术推广模式。

强化农产品质量安全标准与监管。顺应消费升级需要，逐步提高农业投入品安全标准和上市农畜产品品质标准，通过农产品质量安全标准提升倒逼加快环境友好型生物农业技术应用。满足高品质绿色种业发展要求，健全优质、专用、功能性粮食作物新品种国家标准，增加针对重要病害的健康指标、抗旱抗逆等抗性指标，加快实施种子认证制度，综合应用信息化、标准化技术手段强化假冒伪劣种子执法监管（杜晓伟等，2019），为优良性状作物新品种推广创造良好的市场环境。重新评价并制定肥料产品中重金属、持久性有机污染物等关键污染物限量指标，加强土壤调理剂、微生物肥料等生物肥料技术规程和肥效评价标准建设，按照减量控害标准清理整合现有农药使用技术规范，提高农药残留、违禁成分等隐性危害因子的限量标准，完善相应检测方法标准体系（郑鹭飞，2016），为大面积推广使用生物肥料、生物农药创造需求空间和提供技术支撑。以畜禽产品质量安全为目标，完善优良畜禽品种审定标准，突出品质、繁殖率、抗病力等优良性状，提高畜禽产品标准中的安全指标要求，配套补齐兽药、饲料及添加剂绿色安全标准。强化绿色有机农产品认证和市场监管，公开认证企业信息，提高认证企业资质门槛，建立专业化队伍，在认证过程中引入第三方监督，将绿色食品、有机农产品的质量抽检纳入各地例行监测、执法抽查、风险评估监测范围，通过实现优质优价对冲生物农业技术成本劣势。

积极拓展海外市场。创造条件推动具有竞争优势的生物农业企业“走出去”，发挥农业“走出去”工作部际协调领导小组与境外农业资源开发合作部际合作机制的作用，提高行政效能，将生物农业“走出去”纳入国家双边或多边经贸谈判框架中，通过外交手段解决知识产权保护、税收、签证、劳务技术人员输出等问题。强化政策支持，通过信用担保、境外投资风险基金、保险及法律援助等推动生物农业企业开拓国际市场，放宽相关生物农业技术、种质资源出口管制，为国内生物农业企业海外投资并购、合作研发等提供信贷支持，利用现有援外农业示范中心定向选择培育适合当地环境和需求的生物农业新品种和技术解决方案，推广海外订单农业模式，通过与目标国农业从业者签订生产合同，直接配给生物农业投入品和技术服务（赖晓敏等，2019），积极引导企业通过联合经营，以及借助行业协会、海外商会、国际组织等对接国外生物农业市场。

（四）强化资源保障

全面开展农业种质资源收集保护。近期开展农业种质资源（主要包括作物、畜禽、水产、农业微生物种质资源）全面普查、系统调查与抢救性收集，加大珍稀、濒危、特有资源与特色地方品种收集力度，构建重要优异种质资源基因库，建立重要性状的基因组及蛋白质组等数据库。完善农业种质资源分类分级保护名录，统筹布局种质资源长期库、复份库、中期库，分类布局保种场、保护区、种质圃，分区布局综合性、专业性基因库。积极发展农业种质资源超低温、组织培育、DNA 复份等安全长期保存技术，提升农业种质资源长期安全保存水平。创新种质资源保护体制，建立国家统筹、分级负责、有机衔接的保护机制，探索通过政府购买服务等方式，鼓励企业、社会组织承担农业种质资源保护任务。构建全国统一的农业种质资源大数据平台，推进信息化动态监测监管，提升种质资源信息共享服务水平。

加强农业种质资源鉴定评价。依托优势科研院校和企业，搭建全国农业种质资源鉴定评价与基因发掘平台，形成全国分工统筹、多学科联合的农业种质资源鉴定与发掘创新体系，深化重要经济性状形成机制、群体协同进化规律、基因组结构和功能多样性等研究，突破表型与基因组高通量精准鉴定技术。开展重要性状的表型鉴定、全基因组基因型评价，深度发掘优异种质、优异基因。

推进农业种质资源开发利用。大力实施优异种质资源创制与应用行动，重点推进优质种质资源筛选技术，鼓励农业种质资源保护单位开展资源创新和技术服务，建立国家农业种质资源共享利用交易平台，支持创新种质资源上市公开交易、作价到企业投资入股。建立顺畅的种质资源进出口通道，促进种质资源国际交流合作，鼓励企业对重要种质资源和产品进行知识产权海外布局。明确利用社会资本开发国家种质资源的合法合规性，开展利用社会资本进行种质资源开发利用试点（吕小明等，2019），鼓励育繁推一体化企业开展种质资源收集、鉴定和创制，使其逐步成为种质创新利用的主体。

（五）完善监管治理体系

强化生物农业安全立法。针对生物农业领域中的转基因与生物农药危害、病原微生物潜在风险、饲料兽药非法添加等安全隐患，加快相关立法工作，尤其是健全转基因生物安全管理法律，遵循“风险预防”原则，建立长久的安全评估和生物监测预警系统，支持生物农业技术安全监测的基础性研究，设定科学清晰的转基因生物安全检测和安全期年限标准。建立健全饲料添加剂、兽用生物制品从原料到成品的质量控制体系，加强使用环节抽样、非法添加检测、跟踪抽检、摸底检验等方式执法检查，对违法行为加大罚款、撤销文号、吊销生产许可等处罚力度。

改革生物农业监管组织架构。以转基因农业监管为重点，参照美国监管机构设置，根据中国实际情况，确立分工明确、相互协作的“双头”监管架构，以农业农村部为转基因育种、动植物和环境影响的监管主体，整合生态环境部等部门转基因生物管理职能，扩充农业转基因生物安全管理办公室编制和职能，主要负责转基因生物的农业生态和环境安全监管，以卫生健康委员会为转基因食品的监管主体，整合市场监管部门转基因食品管理职能，主要负责转基因食品、食品添加剂和动物饲料的安全管理以及食品标识管理。同时，充分发挥行业协会、绿色和平组织、消费者协会等民间力量的监督积极性，在转基因技术安全审查中，邀请公众参与，实行公开透明的审查流程。

完善生物农业安全管理制度。率先在转基因食品领域建立强制性的全程追溯制度和标识制度，明确标识内容和位置，参照反垄断惩罚措施，对违反标识制度的生产商按照当年销售额的一定比例，征收高额罚金。强化转基因种子市场秩序，规范转基因作物管理制度，规定转基因种子销售者需承担种植指导义务和违规制售转基因种子造成的基因污染责任。建立转基因作物种植公开公示制度，奖励民众举报违规违法转基因种植行为，尽快出台转基因作物良好农业生产规范，对违法转基因作物种植者的法律追责期限为永久，转基因作物种植户对转基因污染造成的经济损失承担连带责任。严格规范重要育种基地转基因作物管理，开展不定期专项检查，对于生态敏感地区和无法实行隔离种植的区域，严禁转基因作物种植。完善生物农药登记管理制度，借鉴美国经验，将没有直接毒杀作用的低风险生物农药纳入快速登记程序（王以燕等，2019），发布生物农药安全风险评估指南，健全生物农药安全评估体系。

科学引导社会舆论。针对转基因等有争议的生物农业领域，利用中央媒体和网络资源，建设重大争议问题辩论公共平台，成立由主管官员、科学家、公众人物和平民代表共同组成的生物农业技术安全评估机构，开展全生命周期动物实验，对申请商业化应用的生物农业产品和技术进行环境影响、营养学、毒理学和过敏性等综合性安全评价。充分保障国民对转基因等生物农业技术的知情权和表达权，规定现有享受国家科研资金资助的生物农业研发机构具有一定的科普宣传义务，让擅长科普宣传的专业人士在有经费保障的前提下从事科普宣传工作，组建生物农业技术宣传支援服务组织，充分利用现有科普基地、科研机构等，通过举办公众开放日、举办专家讲座、制作纪录片和建立科普网站等多种形式，开展长期的科普宣传活动。

第四节　面向“舌尖中国”的生物经济发展重大举措

一、加快建设生物农业科技创新平台

结合生物农业发展对创新的重大需求，在中国具有一定基础和优势的生物农业技术领域，围绕生物资源发掘与创新、生物育种、农业生物药物等重点领域，到2035年新组建2～3个跨学科、跨领域的生物农业国家重点实验室，开展农业生物学与生物技术重大科学理论研究和技术创新；新建10～15个生物农业技术国家农业工程（技术）研究中心，提升中国生物农业技术工程化水平；针对生物育种、生物农药、生物肥料、生物饲料、生物兽药，建设20个国家现代生物农业（区域）科技创新中心，加强重大共性关键技术和产品研发与应用示范，将其打造成为国际生物农业技术创新源、产业孵化器、大数据中心与国际交流平台。

二、推动绿色生物种业（转基因育种）技术产业化

率先在非食用转基因作物领域加快产业化步伐，稳步扩大转基因棉花等非食用转基因作物产业化种植面积，在拥有自主知识产权的转基因经济作物领域寻求产业化突破，扩大并改进现有中试和产业化基地，鼓励国内转基因育种研发机构和企业“走出去”，参与国际种子市场竞争。同时，对国外转基因种业进入国内市场按照“饲料先行、食品缓入，小类先行、大宗缓入”的原则，限定品种范围，设定更为严格、期限更长的安全评估标准和程序，提高国外转基因种子进入门槛。

三、促进生物农业技术集成示范与推广

依托国家农业科技园区，大力推广新品种选育、高效繁殖种、品种检验和质

量保障等生物育种关键技术，以及主要农作物病虫害和重大动物疫病生物防治技术的集成示范；依托国家农技推广机构，整合生物农业科研教学单位、生物农业企业、新型农业经营主体、农业科技特派员等资源，建立一批农科教结合、产学研一体的生物农业技术推广示范中心（站），创新生物农业技术推广服务模式，综合开展生物农业产品经销、技术指导、专家咨询、信息查询、人员培训等多业态科技服务，提高农业生产经营主体对生物农业技术的认知度和接受度。

四、加强生物农业科技人才培育引进

依托农业科技人才计划项目、重点实验室、现代农业产业技术体系、农业科技创新联盟等，面向生物农业技术“卡脖子”环节和基础性关键技术，加大“急需紧缺”人才和优秀创新团队引进力度，新增一批生物农业领域两院院士、国家新世纪百千万人才工程人选等领军人才；争取设立优秀青年生物农业科技人才培养引进基金及科技奖项，组织青年科技人才出国（境）访问研修，建立生物农业技术后备人才库；以农业产业化龙头企业科技人才为重点，支持开展农业商业化育种、生物农业药物、生物饲料等领域的技术创新，培育一批生物农业企业拔尖人才队伍。依托农技推广骨干人才培养计划，强化农技推广人才生物技术研修深造，允许推广生物农业技术的科技特派员合理取酬。

五、实施生物农业科技创新型企业培育行动

强化众创空间、企业孵化器、星创天地、协同创新共同体等对生物农业科技型中小企业的服务能力，加大中央财政对生物农业科技型中小企业研发活动的绩效奖励，推动提高生物农业科技型中小企业研发费用加计扣除比例，加大国家科技成果转化引导基金对生物农业科技型中小企业的融资支持，加快壮大生物农业科技型中小企业规模。推动生物农业企业高新技术企业认定便利化，与中国证券监督管理委员会、上海证券交易所、深圳证券交易所等加强合作，畅通生物农业高新技术企业上市融资渠道。强化国家开发银行、中国农业发展银行等金融保险机构对生物农业科技创新型企业开展海外并购重组的信贷支持，支持生物农业科技创新型企业优先承担政府对外援助项目。

六、完善生物农业技术安全监管

严格贯彻落实《病原微生物实验室生物安全管理条例》《农业转基因生物安

全管理条例》等法律法规要求，切实做好高致病性动物病原微生物菌（毒）种或者样本省内运输、部分高致病性动物病原微生物实验活动的行政审批工作，强化实验室生物安全管理、安全防护、感染控制和安全事故应急、人员考核培训、档案管理等工作制度，以农业转基因研发单位、育制种基地、商贸流通企业、转基因加工企业为重点，强化研究试验、品种审定（登记）、种子经营、产品加工、产品标识等环节的监督管理，加强与公安、市场监管、海关等相关部门的联合监管，形成从业主体自律、政府监管、社会监督三位一体的农业转基因生物监管局面。

第五章 国际生物经济发展动态及前沿趋势

内容提要：生物经济呈现巨大发展潜力，在推动全球经济转型发展方面发挥了越来越重要的引领作用，引起世界各国高度重视。在生物技术创新方面，全球生物科技蓬勃发展，前沿技术、交叉融合技术、辅助技术不断突破；在生物产业供给方面，生物经济相关企业、产业快速发展，相关技术广泛用于提高经济社会发展质量和可持续性，供给质量不断提升；在生物产品和服务需求方面，市场导向的发展路径更加明确，支持手段更加多元，需求空间持续拓展；在生物资源保障方面，动植物资源、人类遗传资源等传统生物资源的保护和生物大数据等新资源的开发并举；在生物经济治理体系方面，顶层设计、监测和评估、监管和支持、法律法规和公众沟通等举措多管齐下。

生物经济兴起与生物经济时代来临，为生物相关产业变革与经济社会绿色转型带来新的发展机遇。当前，全球各国高度重视生物经济，纷纷将生物经济发展纳入政策主流。超过50个国家出台了生物经济相关政策，提出了发展生物经济的愿景。特别是近年来，世界主要经济体不断强化生物经济布局，密集发布生物经济相关战略和制度，多国制定了更具系统性、可操性和国际性的新战略规划，大力促进生物技术进步，推动经济社会绿色可持续发展。生物技术已经成为许多国家研发重点，生物产业已经成为国际高科技竞争的焦点，生物安全将是国家安全的关键点，生物经济正在成为新的经济增长点。

第一节 生物技术创新：前沿技术、交叉融合技术不断突破

近年来，生物技术在引领未来经济社会发展中的战略地位日益凸显（陈方等，2018；丁陈君等，2019）。全球生物科技领域蓬勃发展，随着关键技术的逐步成熟和相关技术的交叉融合，创新性研究方法不断突破，前沿性技术创新不断涌现。新技术的发展将极大地推动生物科技领域的快速进步，为未来生物经济发展添油助力。

一、生物经济相关技术成为各国研发重点

从全球各国近年来发布的生物经济相关战略规划来看，无一例外将技术研发作为重点任务，力求从经费支持、人力资源、基础设施、国际合作等各个方面持续支撑生物经济相关技术的研究、开发和创新。截至 2019 年，在《科学》杂志近 5 年公布的年度十大科学突破中，生命科学领域的技术突破占比达到 60%，2017 年和 2018 年更是高达 70%。有研究表明，21 世纪以来，部分国家将政府研发经费的 50%、风险投资的 30% 用于生物与医药领域研究，在这个领域发表了 60% 的论文、申请了 40% 的专利、贡献了 19% 的 GDP，生物技术引领的科技革命、产业变革实际上已经来临。

从研发投入来看，全球各国在生物技术领域的支出逐年增加，研发强度处于较高水平。根据经济合作与发展组织数据，美国、德国、韩国等国商业部门对生物技术的研发投入持续上升，研发强度维持在较高水平（表 5-1）。

表 5-1　部分国家商业部门对生物技术的研发投入和研发强度

国家	研发投入/百万美元									研发强度
	2009 年	2010 年	2011 年	2012 年	2013 年	2014 年	2015 年	2016 年	2017 年	
美国	22 030	27 374	26 138	26 893	—	38 565	39 795	44 793	51 637	0. 418
法国	2 912	2 937	3 081	3 434	3 660	2 912	3 023	3 660	3 791	0. 224
德国	1 296	1 269	1 243	1 181	1 163	1 239	1 346	1 414	1 433	0. 056
意大利	578	563	593	611	614	590	631	677	728	0. 048
韩国	1062	914	1089	1179	1331	1434	1526	1637	1729	0. 127

从论文发表来看，根据《美国科学与工程指标 2020》，无论是美国、欧盟还是日本、印度，在论文发表数量最多的七大科学领域中，健康科学、生物和生物医学科学相关的论文数量都位居第一位（图 5-1）。在中国，健康科学、生物和生物医学科学相关论文占比也超过 20%，仅次于工程学。从工业生物技术领域研究论文发表排名前 10 的国家来看（图 5-2），其相关领域论文数量呈现持续上升趋势（陈方等，2018）。

从专利情况来看，根据《世界知识产权指标 2019》，在全球十大专利申请国于 2015 ~ 2017 年的公开专利申请中，包括生物技术、生物材料分析、医学技术、制药、有机精细化学、食品化学在内的生物经济相关领域申请占比较大，其中美国、英国、俄罗斯、荷兰均超过 20%，瑞士高达 36. 2%（表 5-2）。根据世界知

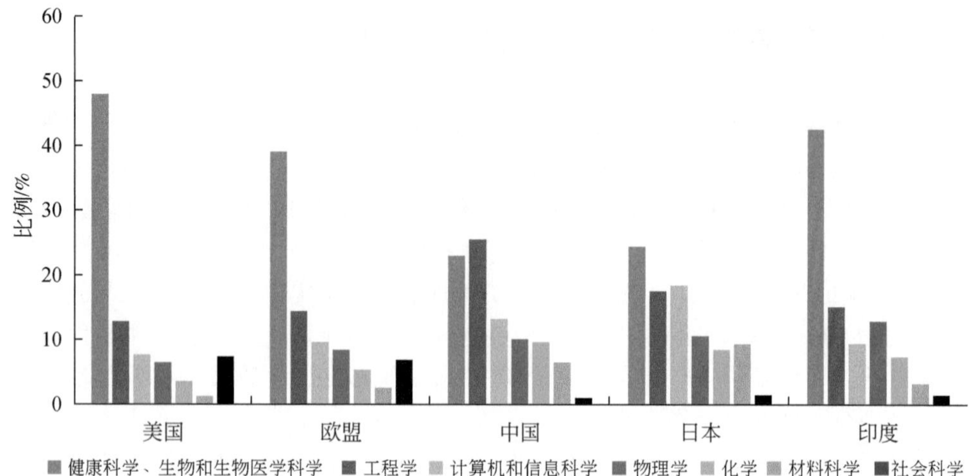

图 5-1　2018 年部分国家和地区七大科学领域论文发表比例

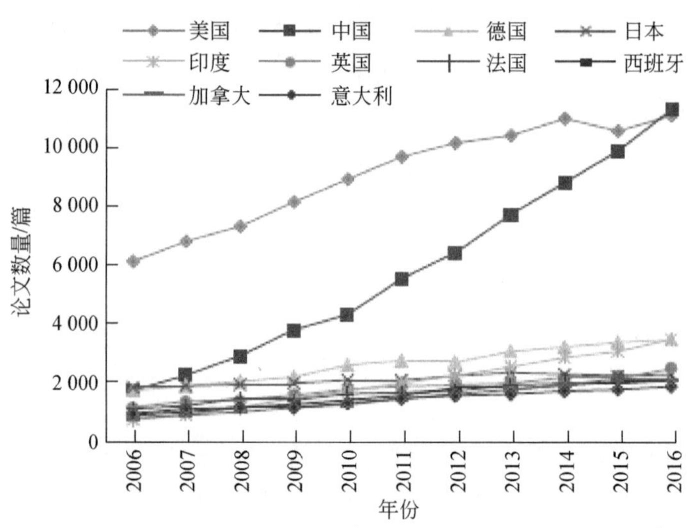

图 5-2　Top10 国家工业生物技术论文发表趋势

识产权数据库统计（截至 2020 年 7 月 1 日），在 2019 年和 2020 年 PCT 出版物中，生物经济相关领域占比分别为 17.9% 和 17.5%。一些发达国家在生物经济领域保持领先水平。以美国为例，在近两年 PCT 出版物成果中，美国生物经济相关领域的全球份额都在 34% 以上。

表 5-2　2015～2017 年全球十大专利申请国生物经济相关领域公开专利申请占比

（单位：%）

生物经济相关领域	中国	美国	日本	韩国	德国	法国	英国	瑞士	俄罗斯	荷兰
生物技术	1.6	3.8	1.0	1.5	1.8	3.0	4.4	6.1	1.7	3.6
生物材料分析	0.4	0.9	0.3	0.4	0.6	0.9	1.3	1.3	2.2	0.7
医学技术	2.4	8.3	3.6	3.4	4.7	4.4	6.6	7.3	6.9	11.2
制药	4.0	5.8	1.3	2.0	2.5	4.2	7.2	11.0	4.2	3.5
有机精细化学	2.1	3.0	1.6	1.7	3.4	4.7	5.0	7.1	1.7	3.6
食品化学	4.5	1.0	0.8	1.8	0.4	0.8	1.0	3.4	12.5	3.1
合计	15.0	22.8	8.6	10.8	13.4	18.0	25.5	36.2	29.2	25.7

二、基因组学、合成生物学等前沿技术迅猛发展

基因组学、合成生物学、计算生物学等生物经济的前沿技术都是生物质相关产业的共性技术，可以作为平台技术支撑其他生物技术发展和应用，具有通用性特点。近年来，全球各国不断布局前沿引领技术，增强颠覆性创新，积极抢占生物经济领域战略制高点。以基因测序为例，2018 年 5 月美国国立卫生研究院启动“All of Us”项目，计划未来 10 年开展 100 万人基因组测序；同年，英国政府计划在未来 5 年内开展 500 万人基因组测序，欧盟计划未来 3 年完成对欧盟地区 100 万人的基因组测序。根据 2020 年美国国家科学院、工程院与医学院发布的《保护生物经济》，世界及主要国家在合成生物学领域的出版物也呈现大幅增长趋势（图 5-3）。同时，在生物经济战略规划中，各国均加强了前沿技术领域布局，如在美国、日本、欧盟、意大利、俄罗斯的相应战略规划中都将基因组编辑作为重点技术之一；美国 2019 年发布的《生物经济行动：实施框架》提到的多个新研究领域都应用了合成生物学技术；英国相应生物经济战略中明确要支持工业生物技术和合成生物学的发展，将其作为凭条技术，在更循环、更绿色的生物经济中实现应用；新加坡专项资助合成生物学研发计划。

前沿生物技术频现突破，颠覆性成果不断涌现。在基因组学领域，相关技术在大数据和计算生物学研究的支撑下不断突破，引领基因组研究从“读取”进入“编辑”和“编写”时代。基因组测序技术为开展生物学研究提供了丰富的数据，在有效挖掘生命科学关键信息方面发挥着越来越重要的作用。随着基因组测序成本不断降低，基因组、转录组、表观基因组变异检测技术不断更新，已帮助研究人员获得了许多高质量的基因组图谱，如乌拉尔图小麦 A 基因组。基因编

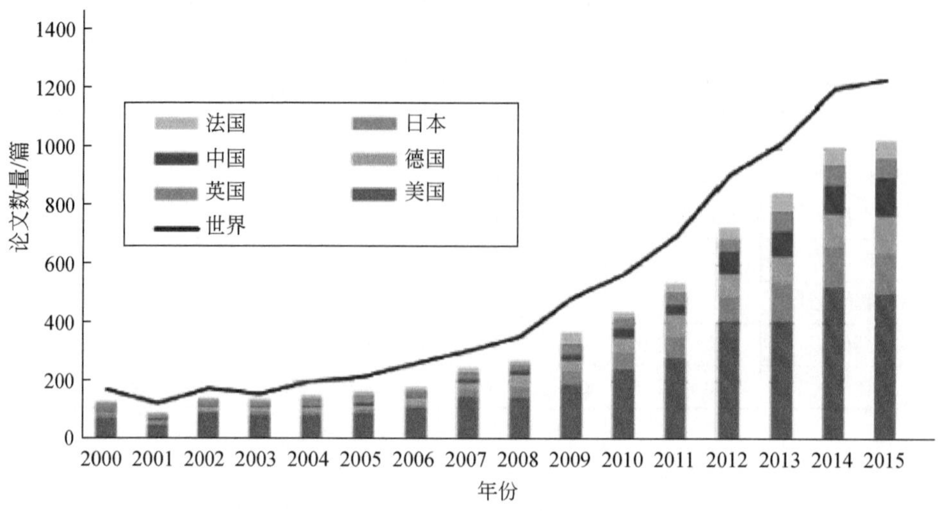

图 5-3 世界及主要国家在合成生物学领域的出版物

辑技术也在不断提升，日本神户大学利用 CRISPR/Cas9 成功灭活 HIV-1 病毒；中国科学家利用基因编辑技术首次实现小鼠孤雄生殖。在合成生物学领域，人工合成生物体、人工设计操纵生物功能不断取得突破。中国科学家成功创建世界首例人造单染色体真核细胞；以色列魏茨曼科学研究所创制出可固定二氧化碳的大肠杆菌，使其从异养生物变成自养生物；美国加利福尼亚大学旧金山分校构建出首个能放置在活细胞中并调控细胞功能的人工蛋白开关。在生物存储和计算领域，微软公司实现全自动 DNA 信息存储，突破 DNA 存储技术走向商业数据中心的关键步骤；斯坦福大学开发出低能耗类脑“人造突触”，实现运算、存储同步；瑞士苏黎世联邦理工学院开发出以 DNA 为存储介质、可在几乎任何物体中存储信息的技术——“万物 DNA”。此外，干细胞和医疗领域也有相应突破。例如，日本大阪大学完成全球首例诱导多功能干细胞（iPS 细胞）培养角膜的移植手术。

三、交叉融合技术发展引领未来

生物经济是新兴的综合经济形态，需要大量技术创新及其系统集成。全球各国大力发展生物科技与计算机技术、人工智能等技术交叉融合。例如，2019 年美国发布的《工程生物学——面向下一代生物经济的研究路线图》中提出，构成工程生物学研究和技术基础的四个技术主题之一即是数据科学，主要指利用数据集成、分析、建模等技术，支持设计基因组、非天然生物分子电路以及定制细胞和有机体工程和生产，在未来实现设计—构建—测试—学习过程的自动化；2020年5月美国参议院两党联合提出的“2020年生物经济研究与发展法案”（尚未正式发布）明确要推进生物、物理、化学、数据、计算科学与工程交叉领域的研究；德国新版《国家生物经济战略》也明确提出，针对生物经济，使用数字化、人工智能、纳米技术、微型化、机器人技术及自动化技术的融合技术，并加强跨学科合作；英国生物科技具体实施计划也涉及推动学科间交叉融合，推动新技术在生物科学领域的开发和应用。

无论是生物技术本身的发展和研究，还是相关研究工具的开发，学科之间、科学与技术之间、不同技术之间的交叉融合趋势日益突显。信息技术等在生物科技领域的应用展示了多学科交叉为人类解决诸多问题提供新模式的潜力。例如，生物工程与互联网、高性能计算、人工智能和自动化技术交叉融合，实现高效模拟、预测基因表达和调控途径，辅助生物设计、筛选、定向进化和组装，定制、改进和管理工业流程。与此同时，技术的交叉融合发展加速孕育和催生了一批如人工生物分子、类脑人工智能技术、生物3D打印等具有重大产业变革前景的颠覆性技术。医疗科技公司有潜力通过物联网、机器学习、3D打印和增强现实等解决方案来提高效能和应对挑战；新型的人工智能初创公司正在引领新药研发方向。

四、研究工具与技术的功效持续提升

生物科技的发展离不开研究工具和方法的不断创新。近年来，生物经济相关领域研发工具与技术平台的精度与效率不断提升，功能不断增强，技术通路进一步拓宽，方法路径进一步扩展。近年来，全球各国在生物传感器、生物成像技术，以及生物大数据基础设施建设方面也部署了多个项目。例如，德国于2020年1月通过的新版《国家生物经济战略》相关目标包括了扩大相关领域研究和技术转让的基础设施建设；英国在其生物科技领域《2019年实施计划》中明确提出投资1600万英镑，支持对尖端生物科学研究至关重要的设备、技术、软件和资源的获取、开发和维护。

生物成像技术正朝着更清晰、更精确、实时、活体的方向发展。生物成像技术有助于揭示生物科学关键复合结构与复杂过程机理，是生命科学和生物医学领域的重要技术手段。例如，斯坦福大学开发的CRISPR多功能成像方法，可实时观测活细胞中基因组编辑的动态变化；加州理工学院开发的全新超声成像系统可以实现对活体动物基因表达的观测；美国霍华德·休斯医学研究所等机构将超分辨率的光学显微镜技术和电子显微镜技术相结合，开发出以3D形式呈现清晰、精准的细胞内部详细视图的新技术。

信息技术极大地支撑了生物科技的研究。DNA 突变检测技术、蛋白质编辑、多重基因工程、DNA 分子机器编程等均取得关键性突破。例如，美国博德研究所研发出超精确基因编辑工具“Prime Editor”，不依赖 DNA 模版即可实现单碱基自由转换和多碱基增删；哈佛大学开发出利用蛋白质存储数据的新方法，或比 DNA 存储更具优势；英国剑桥大学和德国马普生物物理化学研究所开发出 Trim-Away 蛋白质编辑新方法；计算机辅助蛋白结构预测以及设计策略也取得了快速进展，谷歌推出的人工智能“阿尔法折叠”（Alpha Fold）程序可预测蛋白质的 3D 结构，耶鲁大学研究者采用谷歌算法揭示了酶的复杂结构和调控机制。

生物催化技术进一步向高效、精准、可预测方向发展。例如，中国科学院与荷兰格罗宁根大学合作，建立了基于原子尺度的高精度生物催化计算平台。此外，借助计算机辅助设计工具，基因工程师在基因电路设计时避免了以往利用人工设计费时费力和易错的困境，实现了复杂遗传电路设计过程的自动化。

第二节　生物产业供给：供给质量持续提升

生物科技的发展日渐渗透和嵌入现代医药、农业、能源、制造、环保等多个产业部门，生物科技工程化、商业化应用蓬勃发展，为未来生物经济发展赋予新动能。以生物质资源为基石，以基因组学技术和合成生物技术为核心，提供创新生物技术产品与服务，将成为未来生物经济发展的重要路径。近年来，生物经济相关企业、产业发展迅猛，逐渐成为促进经济社会绿色发展、可持续发展和高质量发展的重要引擎。

一、生物经济相关企业发展迅速

生物经济相关企业的培育和发展越来越受到全球各国的高度重视。例如，加拿大在 2019 年发布的《加拿大生物经济战略——利用优势实现可持续性未来》特别提出要打造支柱企业，并在政策、方案、融资等方面予以支持；韩国《生物健康产业创新战略》明确要构建领先企业与创业企业、风险企业的合作体系；日本《生物战略 2019——面向国际共鸣的生物社区的形成》将强化创业和投资环境作为九大重点任务之一，并提出了建立全球孵化系统、支持生物制造业企业由中小规模向大规模发展、提供长期稳定融资、促进工业和学术界合作等具体举措；俄罗斯在《2018–2020 年发展生物技术和基因工程发展措施计划》中也提到大力支持相关私营企业发展。

根据中商产业研究院统计，全球生物技术公司总数已达 4362 家，其中 76% 集中在欧美，欧美公司的销售额占全球生物技术公司销售额的 93%；美国作为生物技术的产业的龙头，其开发的产品和市场销售额均占全球 70% 以上；而亚太地区整体销售额占全球 3% 左右，其中日本、新加坡位居亚太地区前列。近年来，针对生命科学领域的企业并购活动也日益活跃，2019 年生物科技相关 IPO 最高值达 3.9 亿美元。根据德勤（Deloitte）发布的《2020 年全球生命科学行业展望》，2019 年前三季度，美国开展针对生命科学领域的并购数量最多，达到 1117 家；中国位居第二，达到 893 家（图 5-4）。特别是在健康技术领域，已形成若干估值超过 10 亿美元的领军企业（图 5-5）。

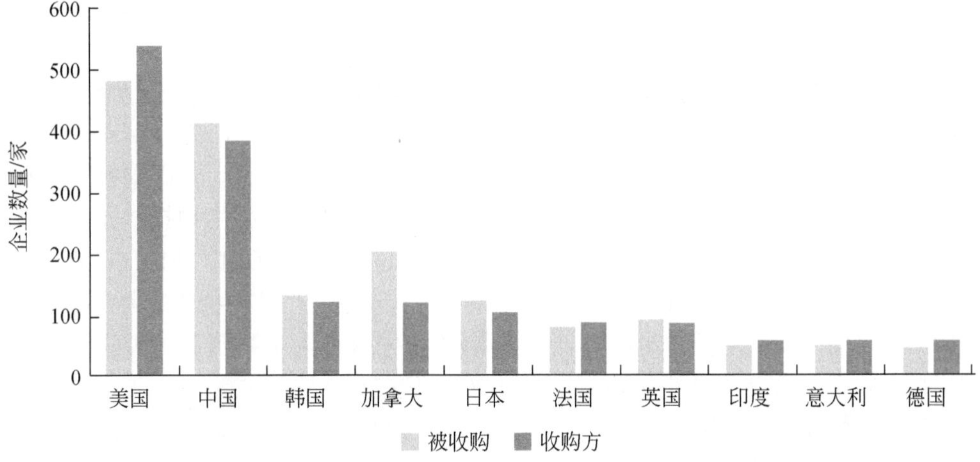

图 5-4　2019 年前三季度部分国家生命科学领域并购数量

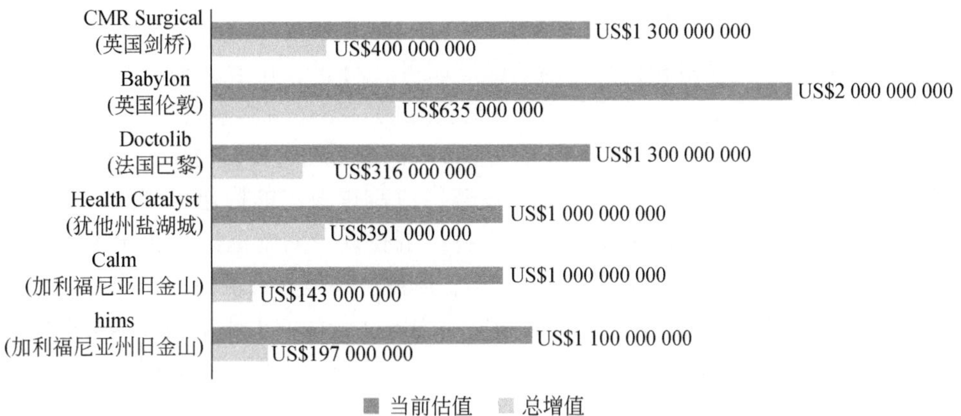

图 5-5　2019 年估值超过 10 亿美元的健康技术公司

为更好地与市场进行供需匹配，各国纷纷出台政策，促进利益相关企业（制造商、分销商等）早期介入，从技术研发、产品生产到市场应用全流程参与逐渐成为主流。从研发阶段开始，确保相应技术和产品、服务的供给直接与市场应用需求对接，降低投资风险，加速技术转化，实现生物经济发展的全流程供需匹配。例如，美国在生物经济计划的实施框架中，推行在开发阶段即引入潜在新技术制造商和分销商，基于量化的技术、财务和政策风险制定产业化策略；欧盟提出要使生物基创新更接近市场，在可持续解决方案中降低私人投资的风险；英国将建立生物经济利益相关方参与平台，促成持续性对话；日本鼓励学术机构面向企业提供兼职、开展合作研究、共享尖端设备；韩国《生物健康产业创新战略》要将生物医药企业等有需求的企业与研发企业组成联营企业。

二、生物经济市场前景向好，产品和服务供给大幅提升

随着人类对疾病认知水平不断提高，精准医疗、转化医学、基因编辑为疾病诊疗提供了全新方向，生物经济相关行业市场前景广阔。美国生物技术相关产业 2017 年产值已达 3880 亿美元左右，贡献了美国超过 2% 的 GDP。相关机构预测，生物医药产业是继汽车、机械制造业之后的第三大产业。全球生物药市场在 2013 ~ 2017 年实现了快速增长，2018 年十大畅销药物中八种为生物药，销售收入占比达 82.5%。2020 年全球生物药市场超过 3000 亿美元，中国成为仅次于美国的全球第二大生物医药市场。国际知名医疗行业调研机构 EvaluateMedTech 预测，全球医疗器械行业预计在 2017 ~ 2024 年以每年 5.6% 速度增长，到 2024 年全球销售额将达到 5950 亿美元。根据麦肯锡国际研究院 2020 年发布的《生物革命：创新改变经济、社会和我们的生活》，未来 10 ~ 20 年预计生物科学在人类健康和性能，农业、水产养殖和食品，消费品和服务，材料、化学品和能源等领域的应用可能对全球每年产生 2 万亿 ~ 4 万亿美元的直接经济影响（图 5-6）。

全球各国高度重视生物经济相关产业布局，纷纷加大投资力度，并提出具体经济目标（表 5-3）。生物经济相应产业链供应链价值链的构建也受到广泛关注和重视。例如，美国 2019 年发布的《生物经济行动：实施框架》提出要全面整合产业链，联系生物、物理、气候、工程、运输、环境和经济模型，更全面地了解供应链决策的选项和影响；英国明确要成为国际公认的工业生物技术价值链主要参与者；加拿大也提出要建立强大的企业与价值链。其中，部分国家和地区也在积极搭建本地化全价值链。例如，欧盟提出要完成基础研发—商业创建—消费者的全价值链搭建；意大利提出创造更长、更可持续和本地化的价值链；韩国提出要实现辅料国产化的目标并与上下游产业共同增长。

领域与案例	创新领域	转化能力	年度潜在直接经济影响(2030~2040)万亿美元(占总影响比例)	溢出到上游、下游和辅助部门(案例)	价值链转变并调整业务战略(案例)
人类健康和性能 子孙后代的健康改善；基因驱动减少媒介传播疾病；基于细胞、基因、RNA的疾病预防、诊断和治疗；药物开发和交付的改善	生物分子 生物系统 生物机器界面	控制和精准度提高 改造和重编程人类和非人类生物的能力增强 研发通量和产量增加 生物系统和计算机之间接口的潜力越来越大	人类健康和性能 0.5~1.3 (35%)	健康保险(更好地风险预测和治疗效果) 辅助服务(存储和移动的细胞疗法基础设施)	即时诊断的推广(如囊性纤维化的基因测序)或将分散护理 制药公司会适应治愈而不是一直在治疗的商业模式
农业、水产养殖和食品 动植物的选择性育种；植物的CRISPR程化基因Ⅰ；植物基蛋白质和实验室培养肉的增加；微生物数据帮助优化农业投入	生物分子 生物系统	利用生物手段的物质投入 控制和精准度提高 改造和重编程人类和非人类生物的能力增强 研发通量和产量增加	农业、水产养殖和食品 0.8~1.2 (36%)	食品零售和饭店(有新特性的食品，植物基蛋白质和培养的蛋白质) 房地产(更有效的农业和实验室培养肉减少了土地使用) 运输和物流会调整以生产具有新特性的产品(更长保质期) 环境(碳足迹较小的肉类生产)	肉类价值链将从饲养、喂养、屠宰、加工、分配，转变为组织采样、培养基生产、活细胞培养产生肉 整合价值链，单个参与者可在其中做很多步骤 出现销售收益目标的商业模式，进而替代种子或农药包装等产品
消费品和服务 DTC基因测试；基于微生物的美容产品；基因Ⅰ程化的宠物；基于组学数据的个性化健康、营养和健身服务	生物分子 生物系统 生物机器界面	控制和精准度提高 生物系统和计算机之间接口的潜力越来越大	消费品和服务 0.2~0.8 (19%)	健康保险(基于消费者DTC基因测试更好地预测风险) 食品(个性化饮食计划驱动需求变化) 医疗保健(DTC测试需要遗传顾问更多的支持)	价值链向上移动(DTC测试公司开发临床产品和服务) 数字货币的新途径(出于研发目的将消费者数据出售给制药公司)
材料、化学品和能源 为织物和燃料开发新的生物线路；改进现有工业酶发酵工艺；开发新型材料，如生物聚合物；利用微生物提取原料	生物分子 生物系统	利用生物手段的物质投入 改造和重编程人类和非人类生物的能力增强 研发通量和产量增加	材料、化学品和能源 0.2~0.3 (8%)	时装和化妆品(可持续更高的材料，如由微生物而非石油化学材料制成的尼龙) 电子(基于生物的光学显示器) 消费者(可以改善消费者生活质量的新颖材料)	价值链压缩(设计、制造，定制都在同一地方完成) 基于平台的公司成立，为各行各业提供服务

图 5-6　麦肯锡国际研究院预测生物科学相关领域经济潜力

表 5-3　部分国家生物经济相关战略规划及具体举措、目标及判断

国家/地区	相关战略规划	具体举措、目标或判断
欧盟	《欧洲可持续发展生物经济：加强经济、社会和环境之间的联系》（2018 年）	加大和加强生物基础产业规模，建立 1 亿欧元的循环生物经济专题投资平台
	“地平线欧洲”（2018 年）	加大资助以应对全球挑战和提升产业竞争力，重点关注的主题集群包括卫生健康（77 亿欧元），气候、能源与交通（150 亿欧元），粮食和自然资源（100 亿欧元）
英国	《发展生物经济——改善民生及强化经济：至 2030 年国家生物经济战略》（2018 年）	将最大化生产力作为四个战略目标之一，提出最大限度地发挥英国生物经济基础的潜力，提高现有可再生生物资源的生产力，到 2030 年生物经济规模较 2014 年水平翻一番，达到 4400 亿英镑
	《国家工业生物技术战略 2030》（2018 年）	投入 1100 万英镑资助工业生物技术发展，投入 450 万英镑支持生物技术的工业化应用
韩国	《生物健康产业创新战略》（2019 年）	将生物健康产业培育成为五大出口主力产业，制药和医疗器械等出口额到 2030 年计划增长至 500 亿美元，再加上医疗服务，三个领域创造 30 个新就业岗位，总数达到 117 个
美国	《美国农业部科学蓝图：2020 ~ 2025 年科学路线图》（2020 年）	在未来的 30 年中，世界对农田和林地提供的商品和服务的需求将增长约 40%

与此同时，生物经济产业集群蓬勃发展。美国生物医药产业主要集中在旧金山、波士顿、纽约、圣地亚哥、罗利–达勒姆、费城、西雅图、华盛顿–巴尔的摩和洛杉矶九大城市圈。集群聚集了为生物医药发展提供科技、理论基础的高校和研发机构，也兼具世界知名风投公司，同时引进了生物医药领军企业及一批新创企业，各企业互相促进，各环节共同作用，形成了良性循环的产业链。生物技术产业被加拿大政府确定为经济的关键支柱，各省的产业集群组成了一个蓬勃发展的生物技术生态系统，汇集了一批全球领先的研究机构、生物技术企业家、大型跨国公司。英国伦敦生命科学产业集群以剑桥大学、牛津大学为依托，不但具有雄厚的生命科学研究能力，还具备现今生物医药科技产业发展所必不可少的创新能力。德国发展了诸如慕尼黑、海德堡、美因茨和柏林等地的产业集群，并不断增强对本国生物经济的支持。在 2020 年 1 月通过的新版《国家生物经济战略》中，支持集群和示范区发展是将德国打造成为生物经济领域的领先创新基地的重要举措。世界知识产权组织发布的《2018 年全球创新指数报告》显示，在全球前 100 的创新集群中，有 43 个属于生物经济相关领域，分布在 20 个国家，但欧美发达地区占有绝对优势。

三、生物技术和产业广泛用于提升经济社会发展质量

生物产业具有节能、低排、可循环的特点，是转方式、调结构的一个重要方向，也是绿色发展的一个重要引擎。因此，生物经济相关技术被广泛用于提供更好的农业、工业、健康医疗等产品和服务，以及提供更好的环境保护、应对气候变化等解决方案，进而促进经济社会健康、可持续、高质量的发展（邓心安等，2019）。例如，美国持续发掘工程生物学潜在应用，工业生物技术关注可持续制造、新产品开发，在健康与医学领域通过工程细胞系统减少环境健康威胁造成的损害，在食品和农业领域致力于生产更多健康且有营养的食品，在能源领域开发减少传统化石能源使用的工具和产品，在环境生物技术领域促进生物修复、资源回收等；英国认为蓬勃发展的生物经济利用可再生生物资源生产创新产品、工艺和服务，提供化石燃料的替代选择，提出通过工业生物技术和工艺提供更优质、更安全和更清洁的产品。

生物原料对化石原料的替代性也成为相关产业发展的重点。Bioeconomy Capital 预测，到 2030 年，大部分新的化学品供应将由生物技术提供；到 2040 年，生物化学品将在各个竞争领域超越石化产品。在未来十年，生物化学制造带来的经济影响还会大大增加。使用生物学方法生产的新材料将对广泛的行业和产品带来影响，并远远超出传统上的生物技术的范畴。在相关产业布局上，各国也

有积极动作。例如，德国政府通过了至 2024 年投入 36 亿欧元的生物经济行动计划，以帮助可持续资源取代日常产品中的化石原料；欧盟《面向生物经济的欧洲化学工业路线图》提出具体目标，即在 2030 年将生物基产品或可再生原料的份额增加到化学工业的有机化学品原材料和原料总量的 25%。美国生物化学领域在 2017 年就创造了 920 亿美元的收入，并占到美国精细化学品收入的 1/6～1/4，生物化学产品在某些类别上已经超过了石化产品，清楚显示了生物化学对石油化工的替代现象。

第三节　生物产品和服务需求：市场需求持续拓展

生物经济领域的需求是产品和服务供给的最大牵引力。在近期战略规划中，全球各国重点市场更加明确、发展方向更加清晰，标准制定、政府采购、与国际保持一致性、加强宣传引导等支持手段更加多元，通过积极拓展需求空间促进生物经济快速和持续发展。例如，在英国的生物经济战略中，其目标之一就是创造合适的市场条件，包括国内和国际市场条件，提高公众利益、提升劳动力水平并扩大市场份额。加拿大则提出要制定新政策和措施促进生物产品的市场吸收，并在生物基产品和传统化石基替代品之间创造公平的竞争环境。

一、市场方向更加明确，标准制定与政府采购相结合

随着生物经济相关技术的逐渐成熟，商业化应用更加广泛，全球各国对重点市场或相关市场的发展方向更加明确。虽然侧重点各不相同，但是很多国家的时间表和路线图更加清晰，形成了具有较强可操作性的任务目标（表 5-4）。例如，欧盟在《欧洲可持续发展生物经济：加强经济、社会和环境之间的联系》中提出了使生物基创新更接近市场的行动任务，在《面向生物经济的欧洲化学工业路线图》中明确了推动生物基市场增长的详细信息，涵盖了在日用化学品等 9 个产品类别中添加生物基化学品的机遇和挑战，并分别提出 2019～2030 年的短期、中期和长期行动计划和参与方。日本《生物战略 2019——面向国际共鸣的生物社区的形成》提出的基本发展方针既包括从创建新市场和获取海外市场的角度构建未来社会图景，同时也明确了 9 个重点市场领域，并提出要加强与生物有关的实证工作，规划市场领域发展路线图，制定和扩展未来优先发展方向。

表 5-4　部分国家或地区确定的重点市场领域和方向

国家/地区	相关战略规划	重点市场及目标
欧盟	《面向生物经济的欧洲化学工业路线图》(2019 年)	向 9 个产品类别中添加生物基化学品：日用化学品、颜料和涂料、农用化学品、表面活性剂、润滑油、人造纤维、溶剂、黏合剂和塑料/聚合物，目标市场 1000 ~ 10 000kt 不等。同时提出短期（至 2021 年）、中期（至 2026 年）、长期（至 2030 年）的行动计划，并明确需要参与执行行动计划的利益相关方
日本	《生物战略 2019——面向国际共鸣的生物社区的形成》（2019 年）	明确九大重点市场领域，即高性能生物材料、生物塑料、可持续农业生产系统，有机废弃物和废水处理，健康护理、功能性食品和数字医疗，生物医药、再生治疗、细胞治疗、遗传治疗等相关产业，生物制造、工业与食品产业，生物相关的分析、测定和试验系统，木质建筑和智能林业管理
韩国	《生物健康产业创新战略》(2019 年)	创新型新药和医疗器械，全球市场占有率增加 3 倍，到 2030 年达到 6%

政府采购和授权公共和私营部门使用生物基产品，可以有效引领其商业化应用。再结合生物经济相应标准的制定，可以有效支持相关产业发展。例如，加拿大为活跃生物技术和产品市场，提出通过公共采购为生物经济提供机会，加强生物产品的市场拉动力。政府在率先使用生物塑料、第二代生物燃料、沼气、木质纤维素材料和生物材料的同时，对制定和传播生物经济产品的标准、方法、基准和评价标准给予支持，确保行业发展。日本也在其生物经济发展战略中提出加强公共采购和标准执行。美国的生物基优先（BioPreferred）计划即是这一导向的具体措施（专栏 5-1），美国农业部会给通过认证的生物基产品颁发 BioPreferred 标签，表示该产品已经满足了计划标准中对生物基含量的要求。获得标签的产品也将进入美国政府机构优先采购序列，这一标签可以为生物基产品和原料提供更多可信度和推广力度，提高市场对此类高附加值产品的认识，帮助政府机构和消费者轻松识别和选择生物基产品和材料。同样，欧盟也有类似的欧盟生态标签（EU Ecolabel）和欧盟绿色政府采购（EU Green Public Procurement）。

专栏 5-1　美国生物基优先计划

BioPreferred 计划由美国农业部实施和管理，旨在增加生物基产品的购买和使用。该计划创建自美国 2002 年的农业法案，并作为 2018 年农业改进法案（2018 年农业法案）的一部分被重新授权和扩展。该计划的目的是刺激经济发展，创造新的就业机会，并为农产品提供新的市场。对生物基产品开发、购买和使用的增加，减少了国家对石油的依赖，增加了可再生农业资源的使用，有助于减少对环境和健康的不利影响。

计划现在包含两个部分：一是对联邦机构及其承包商的强制性采购要求；二是自愿性为生物基产品认证标签的倡议。此外，虽然 BioPreferred 计划本身没有融资支持，但是美国农业部的农村发展机构会对合适的项目提供贷款和资助。

关于强制性购买联邦法律、联邦采购条例和总统行政命令规定，所有联邦机构都必须购买农业部确定的生物基产品。迄今为止，美国农业部已经确定了政府机构及其承包商有采购需求的 139 类生物基产品（如清洁剂、地毯、润滑剂、油漆）。每个强制采购类别都规定了该类别内产品的最小生物基含量。同时，该计划提供了采购工具、优先级生物基目录和培训资源，以辅助采购者满足需求。

关于自愿标签认证在消费者考虑购买具有可持续属性的产品时，美国农业部希望让消费者能够更容易地识别出生物基产品。显示在美国农业部认证产品上的标签，可以为消费者提供有关产品中生物基含量的有用信息。如果一个企业拥有符合美国农业部标准的生物基产品，就可以获得授权在其产品上展示美国农业部认证的生物基产品标签。这个标签向消费者保证产品含有经过验证的可再生生物成分（也就是生物基含量）。消费者可以相信标签所述内容的真实性，因为制造商关于生物基含量的声明是由第三方认证的，而且受到美国农业部的严格监控。

二、海外市场提前布局，监管和标准力求统一

生物经济领域的海外市场受到全球各国的高度重视，在近期的战略规划中均有提前布局、抢占全球市场份额的相关内容，而且越来越强调国际合作的重要性。例如，美国强调要加强与国内和国际合作伙伴的联系；英国将自身定位为国际工业生物技术创新和商业化中心。从不同区域看，欧美国家更侧重于从研发阶段就强调国际合作。例如，英国将国际交流合作作为夯实生物科技基础的优先事项，并明确提出在生物经济不同领域分别与美国、巴西、欧盟、阿根廷等国开展合作。同时，明确要通过贸易促进、出口融资和未来的贸易政策活动，确保生物经济企业在全球范围内获得增长和竞争机会。亚洲国家则在布局中就将国际市场作为重点目标。例如，日本提到要利用政府援助项目促进日本先进技术的海外市

场扩展，实现海外市场所需的标准化，协调国际监管；韩国提到推动海外市场扩张，包括向海外医院出口干细胞成套设备（生产设备+技术+原辅料）、“医院系统+医院信息化+医药品+医疗器械”打包出口，以及“牙科培训+牙科医疗器械”成套产品出口等。此外，韩国还强调要夯实进军海外市场的基础，包括借助信息官员、海外当地办事处（振兴院、协会等）的力量，收集国际认证和许可信息，做好出口产品出口后的代理销售和管理等事务。

为确保生物经济相关产品和服务能够顺利进入海外市场，各国均格外重视行业国际话语权的确立，力求引领标准或与国际保持一致。例如，意大利提出要建立意大利生物经济商业模式和产品，促使其成为全球基准。在监管路径与国际保持一致性方面，加拿大提出要与合作经济体市场的监管要求保持一致，以保证本国生物技术产品的出口；韩国提出要与海外监管机构开展合作，同时推进全球水平的认可认证规范合理化，以支持相关产业进入国际市场。在建立与国际一致的标准体系方面，日本提出要在标准、数据等方面与国际协调同步，加强贸易政策合作，加强知识产权和贸易保护，开拓国际合作，提高国际竞争力。

但是，特别值得注意的是，在当前单边主义、逆全球化加剧的情况下，要形成可在全球范围内实施的国际标准实属不易。发展中国家特别是中国，要在生物经济领域确定国际话语权难度增加。一方面，大国竞争日趋激烈，生物安全以及相关的生物技术、生物经济利益作为新科技革命的一部分，也自然成为国际政治经济秩序调整期大国博弈的重要筹码（王小理和周冬生，2019）。在“全政府”对华竞争战略下，美国国家卫生研究院等机构和美国联邦调查局联合启动针对生物医学领域研究人员与中国关系的调查，不公平地限制中美生物科技交流。与此同时，美国一些政客不顾国际科学界的共识和美情报机构的专业评估，不断将新冠肺炎疫情暴发“甩锅”中国生物实验室。另一方面，新冠肺炎疫情在全球蔓延，突显了欧美一些国家在医疗卫生领域产业链缺失、供应链依赖问题，出于安全考虑，其将相关产业迁回国内的意愿更加强烈。在目前形势下，无论是国际研发合作，还是海外市场布局、接轨国际标准，都会给中国生物经济发展带来不利影响。

三、积极培养市场需求，宣传引导等前期工作受重视

生物经济领域的产品和服务尚属于新兴事物，一方面消费者了解不足、尚未形成对相关产品的消费习惯，另一方面成本相对较高，再加上在转基因食品、基因编辑等部分领域存在一定争议，如何提升公众对生物经济类产品的接受度、培养相应消费理念和习惯成为拓展市场需求的关键一环。加强与公众的沟通，通过

宣传活动引导消费倾向等前期工作越来越受到各国的重视。例如，法国提出了“创造生物经济供需匹配”条件十大行动（专栏 5-2）；英国研究与创新署将支持企业和学术界以透明和负责人的方式运作，以增强公众信任，公开有效地宣传创新生物基产品，由此提升公众对新产品的理解和认识，从而确保向生物基经济转型时可以获得社会、环境和经济的益处；意大利在《意大利的生物经济：为了可持续意大利的新生物经济战略》中提出，要从消费者的角度促进对生物基产品的需求，收集关于消费者在生物基产品方面的证据，以及如何形成新的市场，并利用生物基服务，开发创新的、包容性的商业解决方案。

专栏 5-2　法国创造生物经济供需匹配条件十大行动

在《法国生物经济 2018 ~ 2020 年行动计划》中提出了创造生物经济供需匹配条件的十大行动，除详细规定了每项行动的具体内容外，对每项行动都明确了牵头单位、需达到的效果或交付的成果，以及具体完成时间。

1. 为下游供应商开展每大类生物基产品（如卫生、建筑、服装）的技术信息宣传活动

通过技术数据支持上述活动，以突出各类产品的功能、具体特征和环境信息。

2. 通过制定产业标准和确保其可保险性，支持下游生物基产品的使用

通过可行性研究可以鼓励工业采用生物基产品。为这些产品制定行业标准，以促进对整个价值链企业的信任。可应用以下几种工具：法国国家投资银行明确的网络化技术服务工具；各类演示平台和生活实验室；法国 ADEME 管理的“欧洲技术验证”项目，突出相关产品在环境方面的优势。

3. 组织涉及生物资源生产商和行业的商业会议

这种上游/下游接触将使制造商更好地了解他们可以使用的资源，并使生产商更加了解其产品如何更好地满足需求。

4. 在生物经济的各个部门实施集体行动，以明确并传播在上下游关系中的良好做法

这样做的目的是确保掌握技术规格、可持续性等各方面的资源情况，并根据法国全国粮食会议制定的部门计划，厘清新兴生物质应用的上游/下游的关系。

5. 启动与零售部门的对话，以确保对生物基产品进行展示

提高零售公司对生物基产品及其外部效应的重视程度，促使其向消费者提供更多的生物基产品。

6. 组织羊毛和羊皮的商业化供应链

羊业的分支机构提议，在其部门计划中为羊毛和羊皮的商业化创建一个供应链。

7. 为法国小牛皮革的商业化组织供应链

作为第一步，需要提高小牛皮革的质量和可追溯性。

8. 加强畜禽产业参与加工“五季度”

屠宰牲畜的副产品是可用生物量的主要来源。

9. 扩大和促进与使用植物纤维及其副产品相关的活动

秸秆和亚麻/大麻纤维的使用将显著增加。

10. 鼓励在法属海外领地引进完整的生物质供应链

法国海外部门和地区拥有丰富的生物资源潜力，但目前很少有制造商使用它。

第四节　生物资源保障：传统生物资源保护和生物大数据等新资源开发并重

生物资源是生物经济可持续发展的重要基石。可再生的生物质资源能够为各类材料、化学品和能源需求提供可持续的原料供应，利用生物体（动植物、微生物和酶、细胞等）的功能可以生产有用物质或改进相关产业。有序开发和合理利用各类生物资源，是为农业、医药、能源、工业发展和环境治理提供基础原料与绿色解决方案的保障和前提。

一、动植物资源保护形势严峻，重视生物资源可持续性

近年来，生物物种数量下降明显，生物多样性保护形势严峻。联合国 2019 年发布的《生物多样性和生态系统服务全球评估报告》显示，近百万种物种可能在几十年内灭绝；与此同时，人们对自然资源的需求在过去 30 年间提高了一倍。生物多样性、生态系统功能迅速减弱意味着全球生态保护、自然可持续利用和发展的任务十分艰巨。全球各国越来越意识到，生物经济政策必须确保生物质以可持续的方式收集和使用，同时在动物资源、植物资源、微生物资源、标本资源和人类遗传资源等方面开展了多方位的体系建设（表 5-5）。欧盟在《2010－2020 年欧洲生物多样性研究战略》中规划了欧洲重点关注生物多样性研究领域。

美国高度重视对生物资源的保护与利用，每年投入大量研究经费，通过先进植物计划、特种植物研究计划、动物基因组研究蓝图、微生物组计划等，为美国生物资源的保护、研究和开发形成全方位、全链条的支撑与管理。此外，日本建立了包括日本理化学研究所生物资源中心在内的多家动物资源的保藏利用机构，在植物资源方面特别侧重农业及食物资源；意大利积极促进可持续和有复原力的初级生产，改进资源管理和效率，保护和稳定海洋环境等；澳大利亚在生物资源保存利用上更加重视生物多样性；加拿大尤其重视植物资源。

表 5-5　部分国家生物资源相关机构或项目

国家	相关机构或项目	
美国	实验动物	啮齿类实验动物资源中心、国家级非人灵长类实验动物中心、突变小鼠资源中心、加利福尼亚国家灵长类动物研究中心、国家海兔资源中心、斑马鱼国际资源中心、Jackon 实验室、Charles River 公司等
	植物种质	区域性植物引种站、国家遗传资源计划、种质资源信息网络系统、国家植物种质资源系统等
	微生物	美国真菌遗传学信息中心、美国典型菌种保藏中心、美国农业研究菌种保藏中心等
英国	实验动物	Envigo 公司等
	植物种质	英国皇家植物园邱园、千年种子库项目等
	微生物	英国国家菌种保藏中心、英国食品工业与海洋细菌菌种保藏中心等
日本	动物资源	日本理化学研究所生物资源中心、日本实验动物中央研究所、日本熊本大学生命资源开发与分析学院、筑波大学实验动物资源中心①等
	植物种质	国家农业生物科学研究所、日本农业科学研究中心、国立渔业研究所等
	微生物	日本技术评价研究所生物资源中心等
德国	实验动物	中央实验动物研究所、德国联邦食品和农业部是动物实验监管和实验动物保护的政府主管部门
	植物种质	马克斯普朗克植物育种研究所等
	微生物	微生物菌种保藏中心等

①现为筑波大学生命科学动物资源中心

特别值得注意的是，部分发达国家对生物医药等发展所需的实验动物非常重视，均有相应运作机构或相应的行业指引。以英国为例，其法律规定任何药品在作用于人体之前都需经过动物实验，每年开展大量动物实验，拥有全欧洲最大的动物实验企业——亨廷顿生命科学公司，2015 年与 Harlan 实验室等合并后成为全球性的 Envigo 公司。与此同时，英国政府长期致力于减少动物实验规模，推动非动物实验研究的技术改进。英国是最先提出动物实验的"3R"原则的国家，即 Replacement（替代）、Reduction（减少）和 Refinement（优化），并制定了第一部规范动物实验的法律。

二、人类遗传资源的收集和保护愈加重要

人类遗传资源是国家战略资源，具有巨大的战略安全和经济利益。随着对生命科学的不断探索以及生物技术在生命健康领域的深入应用，人类遗传资源的收集、保护和利用越发重要。从全球情况来看，美国着重于相关立法和政策实践，建立了基因专利的立法和一些实践中的约定，如《基因专利的立法》《统一生物材料移转合约（UBMTA）》《美国细胞培养暨储存中心示范合同》《大学示范合同》等。英国早在 2000 年就建立 DNA 银行网络，开始正式对人类遗传资源进行大规模的收集与利用，并针对一些大病和常见病重点收集储存，包括晚期阿尔茨海默氏症、抑郁症等相关遗传资源样本等。此外，英国曼彻斯特大学基因组医学综合研究中心也提供人类遗传资源的相关服务。中国在中国科学院建有细胞库和干细胞库、中华民族永生细胞库、人类遗传资源样本库、国家模式与特色实验细胞资源库等，为生命科学研究、生物技术创新及产业发展提供高质量生物遗传资源和高水平的专业技术服务。需要注意的是，国际上围绕人类遗传资源的获取和使用，还存在各类“明取暗夺”现象，人类遗传资源流失和剽窃现象持续隐形存在。

三、新技术支撑数据挖掘，生物大数据成为生物经济新资源

随着信息技术的发展，生物大数据已成为一种新型生物资源。与此同时，对于生物大数据的挖掘，也是未来生物技术进步和产业发展的重要支撑。全球各国已逐步将生物大数据的采集和应用纳入日程。例如，日本的生物战略目标就包括建成生物数据驱动，最大限度地利用生物活动数据促进相关研究与产业的发展，建设世界一流的生物大数据利用国家；韩国提出构建“国家生物大数据”，作为新药研发、疾病治疗和产业发展的基础；欧盟提出建立生物经济数据中心等。

结合信息科技和生物科技领域的前沿技术，如人工智能、数据库和数据分析相关技术、合成生物学、第三代测序技术等，在新资源的收集、保藏、分类、鉴定等方面也取得了许多成果。在生物资源保护和保藏方面，标本数字化将物理对象转换为高质量数字图像，将相关描述性文本转换为电子记录，将模拟声音和动作记录转换为数字表示，用更科学和便捷的手段为生物资源的研究和保护保存重要科技资料；实现大规模的标本数字化将有助于科学家利用大数据在全球范围内解决主要的生物多样性问题，减少了科学家收集和识别标本的时间，对标本数据

进行额外的分析和挖掘还可能获取更多有用的信息。环境 DNA 与 DNA 宏条形码技术相结合，已成为生物多样性监测有力的新型工具。在生物资源鉴定研究方面，基于序列分析的 DNA 条形码（DNA Bar Coding）技术可以极大地节约物种识别的时间、提高识别精度，也是生物学家进一步了解生态系统内发生的相互作用的有效工具。动物标本三维重建技术可以真实、全面地反映动物重要特征的立体结构，从而为物种鉴定提供全新的视角和更多的可用特征。

第五节　生物经济治理体系：顶层设计、监测监管和公众沟通等多措并举

一、国家层面系统性布局更加明确

各国发展路径更为详尽。从国际重大战略规划和政策措施来看，生物经济已成为全球各国未来经济发展比较认可的模式，通过积极谋划布局，不断探索适合本国的最佳路径。从近两年密集发布的各类相关战略规划来看，各国的发展路线图更加清晰，推进节奏的目标也更加明确，政策连贯性也受到特别关注。例如，德国 2020 年新版《国家生物经济战略》提出，要建立确保向以生物为基础的经济过渡的连贯政策框架。

大部分多机构系统性协同推进成为主流。由于生物经济是跨越多个部门的经济活动，涵盖农林渔业、食品、生物医药与健康、工业制造业、环境保护与气候变化、能源、废物管理、贸易等，甚至涉及国家安全等领域。各国形成各部分协同机制，牵头不同领域，各司其职，系统性推进生物经济发展。例如，美国两会 2020 年 5 月关于工程生物学研究的新提案提出，要加强与国防部、农业部、卫生和公众服务部等联邦政府部门的协调。德国 2020 年版《国家生物经济战略》提出，政府将任命一个独立的、成员广泛的咨询委员会机构，在多个相关团体的参与下针对多项目标和实施计划提出具体建议。英国由商务、能源、工业部门联合发布报告，由政府、产业和研究部门共同推进生物经济转型。

二、生物资源和生物经济发展的监测和评估成为重要内容

在清晰界定生物经济概念的基础上，建立监测系统和评估体系，一方面，有利于对生物资源进行监测，确保生物经济发展的可持续性；另一方面，有利于对生物经济发展情况进行评估，以明确和改善战略规划与政策导向。在生物资源监

测评估方面，美国能源部对生物质潜能进行测算，形成“十亿吨”报告，同时避免有机资源过度开发；加拿大要将生物质价值化，用技术标准评估生物质和设施的质量和数量，证明其规模和检验生产数量和质量。

在生物经济监测评估方面，欧盟将实施欧盟范围内的监测系统，追踪可持续和循环生物经济的进展。德国在最新生物经济战略中也提出强化生物经济发展监测与评估；日本《生物战略 2019——面向国际共鸣的生物社区的形成》五项基本发展方针之一即为针对市场领域开展调研和持续评估；英国要建立一系列生物经济关键指标，检测各区域层面的发展情况，并发展一个详尽的评估体系用以评估潜在利益。目前生物经济最发达的美国在《保卫生物经济 2020》中提出，要明确界定美国生物经济的范围，扩大并加强与经济贡献相关的数据收集工作，包括要求商务部修订现行的北美行业分类系统和北美产品分类系统，以更准确地捕捉和跟踪与生物科学有关的商业活动和投资，并跟踪生物经济各个部分的增长情况；要求美国普查局应定期收集和提炼有关生物经济活动的全面统计数据；要求《科学与工程指标》报告开展新的生物经济创新数据收集和分析工作，以更好地描述和捕捉生物经济的深度和广度，重点是确定能揭示美国领导力和竞争力的指标等。

三、监管环境更加适度、营商环境更加公平

适度的监管体系、健全的公共政策环境和良好的营商环境，是一国生物经济相关产品和服务参与全球竞争的重要优势。生物经济具有跨领域性，涉及的政策环境较为复杂。特别是涉及人类生命健康等关键领域，在监管方面尤为慎重。以新药监管为例，从实验室发现到临床应用的药物研发是监管最严格和成本最高昂的商业活动之一，监管上既要确保新药的安全有效，又要跟上科学快速发展的步伐。基于此，欧美等生物医药发达国家纷纷出台特别审批条款（专栏 5-3），以减少阻滞，加快相关领域发展。生物技术创新组织（Biotechnology Innovation Organization，BIO）等行业协会也在各自国家的药物研发生态系统中大力倡导建立积极的监管和公共政策环境。

从政策趋势上来看，全球各国正在逐步建立一个严格性更为适度的监管框架，以促进生物经济发展。英国政府提出将跨政策领域开展工作，以确保建立适当的监管环境，支持生物经济的增长；韩国提出制定特定区域为管制自由区，为因管制而难以立项的产品提供开展大规模实验的机会，并加强食品药品审核的快速处理和安全管理。与此同时，全球各国通过扩大财政和税收扶持、减免费用、支持研发和培养专业人才、促进投资等公共政策，给予生物经济综合性扶持。此

外，相对于拥有几十年竞争优势的石化产业，生物经济特别是成本相对较高的"绿色"产业如何获得更加公平的竞争环境，需要国家和国际层面的政策进行协同与引导。加拿大在其生物经济战略中就提出在生物基产品和传统（化石基）替代品之间创造公平的竞争环境。

专栏5-3　欧洲药品管理局和美国食品药品监督管理局的特别审批条款

（一）欧洲药品管理局的优先药物计划

1. 背景

优先药物（Priority Medicine，PRIME）计划，是2016年3月欧洲药品管理局推出的一项药品审评制度，旨在通过优化和支持药物开发，促进医疗需求尚未满足的疾病，治疗细菌耐药、重大疫情（如埃博拉）等药物的研发，解决某些罕见病药物不足或者缺失问题，从而使患者尽快享受到科学进步和新药带来的实惠。优先药物是指对于一些医疗需求未得到满足的疾病，能够提供比现有药物更明显的治疗优势，或者能够为无药可用的患者提供潜在临床获益的药物。

2. 申请条件

在药品研发的临床试验阶段，任何企业都可以申请进入PRIME计划，前提条件是：制药企业必须递交早期临床数据，而且这些数据必须能够证明，该产品有希望在目前尚且不能有效治疗的疾病中取得突破。一般情况下，欧洲药品管理局会在40日内做出回应。

3. 运作程序

欧洲药品管理局经过科学的筛选和评估，一旦入选PRIME计划，欧洲药品管理局就指派人用医药产品委员会（the Committee for Medicinal Products for Human Use，CHMP）或先进疗法委员会（Committee for Advanced Therapies，CAT）成员对研发给予持续的支持和反馈，同时多学科专家组会组织启动会议（Kick-off Meetings），就企业的研发进程为产品的总体研发方案和注册策略提供指导。启动会议是PRIME计划的一个关键特征，它是一种多学科会议，汇集了医学报告员以及欧洲药品管理局安全委员会主席和有关专家，以确保药物生命周期的各个方面都尽早讨论，包括风险管理问题。会议的目的是就下一步如何最好地解决任何已确定的问题以及在科学咨询的背景下确定通常要讨论的问题达成一致。随着临床试验的进行，欧洲药品管理局会不断提供科学建议，同时逐渐明确是否给予加速审批的态度。欧洲药品管理局的最终目标是通过促进药物研发企业优化临床设计，从而获得更高质量的数据，也便于其评估药物质量、安全性和有效性。

4. 实施情况

自 2016 年 3 月 PRIME 计划启动至 2018 年 12 月，欧洲药品管理局共计收到 215 个 PRIME 资格申请，并进行了评估，平均每月收到约 7 个申请。其中，接受有效资格申请 207 个，批准药物 48 个，主要关注罕见病、儿科患者治疗和先进疗法产品。特别值得注意的是，PRIME 计划自启动以来，引起了中小企业的高度关注，超过一半的资格来自中小企业。从政策效果来看，PRIME 计划启动以来，欧洲药品管理局成功地推动了药物创新，提高了医疗需求最紧迫的治疗领域的药物研发效率。

（二）美国食品药品监督管理局的四项特别审批程序——优先审评（Priority Review）、加速批准（Accelerated Approval）、快速通道（Fast Track）、突破性疗法（Breakthrough Therapy）

1. 优先审评

美国销售的每一种药物，在批准上市销售前，都必须经过美国食品药品监督管理局缜密的审查过程。为加快药品审评时间，1992 年美国食品药品监督管理局创建了标准审评（Standard Review）和优先审评，其中，标准审评周期为 10 个月，而优先审评的周期仅为 6 个月。

相比标准审评的药物，获得优先审评的药物在治疗、诊断或预防重大疾病方面具有更优的安全性或有效性，主要遵从以下几个方面：在治疗、预防或诊断上有增加有效性的证据；能消除或显著降低药物使用而产生的副反应；患者的依从性增强，并且可预期能改善严重的结果；有对新亚群患者的安全性和有效性的证据。2017 年，美国食品药品监督管理局共批准 46 个创新药，其中有 28 个被指定为优先审评（占比 61%）。

2. 加速批准

加速批准始创于 1992 年，后在 2012 年通过《FDA 安全与创新法案》（Food and Drug Administration Safety and Innovation Act，FDASIA）第 901 条进行修订，即同意美国食品药品监督管理局通过采用替代终点或中间终点来加速能满足临床需求的重大疾病药物的批准。替代终点是指能够替代临床终点指标，反映和预测临床终点变化的指标（如血压、低密度脂蛋白作为替代指标可以预测心血管事件的发生率）。中间终点本身不是一个与疾病最终结局相关的功能或症状测量的临床终点，而是在比传统接受临床终点出现前时间点观测出结果。有时，中间终点显示的治疗效果也可以预测最终的临床结果（如在治疗心力衰竭临床试验中，运动耐量有时用作中间终点）。2017 年，美国食品药品监督管理局共批准46个创新药，其中给予6个药品加速批准（占比13%）。

3. 快速通道

快速通道审评的设立主要是为了促进治疗重大疾病药物或未满足临床需求药物的开发，通过加快药物审评的过程而使这些药物能更早一点到达患者手中。其中，"重大疾病"是指其存在会影响到患者的生存、日常功能，如果未治疗可能会导致更严重的疾病，如艾滋病（AIDS）、阿尔茨海默病、心力衰竭、癌症、癫痫等；而"未满足临床需求药物"是指能提供一个目前未有的治疗方案或更好的治疗方案（如更好的疗效、更好的治疗结果）。

药物快速通道的认定申请者必须是制药企业，可于药物研发过程中的任何阶段发出申请，发出申请后，美国食品药品监督管理局会基于其申请内容在60日内回复是否批准。

研发中的新药若获得美国食品药品监督管理局快速通道的认定，则可享受以下"待遇"：享有与美国食品药品监督管理局更多会议交流的机会，以探讨药物研发计划并收集更多满足上市需求的数据；收到更多美国食品药品监督管理局关于临床试验的设计和生物标记物等的选择的书面文件；如果相关标准符合要求，则拥有优先审批权和加速批准权；滚动式审，即药物申请公司可以提交已完成BLA或NDA章节，而不是常规的每一个章节均完成后才可进入审评。2017年，美国食品药品监督管理局共批准46个创新药，其中有18个是经药品评价和研究中心快速通道审批的（占比39%）。

4. 突破性疗法

突破性疗法是美国食品药品监督管理局于2012年7月创建的，源于《FDA安全及创新法案》中第902条，旨在加速开发及审查治疗严重的或威胁生命的疾病的新药，2013年首次使用。

认定为突破性疗法，其初步临床试验证据必须显示该药物在一个或多个"临床有意义"的终点上可证明药品具备"实质性改善"，而这取决于治疗效果的程度（如有效性的持续时间）和观察到的临床结局的重要性。

研发中的新药若获得美国食品药品监督管理局突破性疗法的认定，则可享受以下"待遇"：快速通道药物所享有的所有特权，从Ⅰ期临床阶段便可得到美国食品药品监督管理局的悉心指导，包括高级管理者在内的组织承诺。但是，如果药物在开发后期未能达到早期期望值，美国食品药品监督管理局则可撤销其候选药资格。2017年，美国食品药品监督管理局共批准46个创新药，其中有17个为突破性疗法认定（占比37%）。

四、法律法规体系和公众沟通手段更加完善

在生物经济相关前沿新兴技术快速发展的同时，其潜在的社会问题和安全风险也引起了各国政府和公众的关注。全球各国都在不断完善相应法律法规框架，保证相应技术和产业发展有法可依、有章可循。以转基因技术为例，欧洲法院曾于 2018 年裁决，包括基因编辑在内的基因诱变技术应被视为转基因技术，原则上应接受欧盟转基因相关法律的监管；美国监管机构则对基因编辑技术几乎没有抵触情绪，美国农业部已宣布不会对基因编辑的创新进行监管；加拿大、阿根廷和巴西等国则默认不含有外源 DNA 的基因编辑作物不受转基因框架监管。与此同时，生物资源的深入挖掘和利用，为解决越来越多的全球性问题提供了有效路径。随着全球人口数量增加，耕地面积减少，对光合作用机制的深入解析，提高植物光合效率成为进一步增加粮食单产的有效手段。此外，在利用生物资源缓解能源、环境问题方面也取得了多项成果。

加强与公众的沟通和相应宣传，也成为提升生物经济相关产品和服务的社会接受程度、降低社会消极影响的重要手段。例如，美国强调技术发展与社会、文化、政治和经济环境协调起来，并着力扩大公众宣传力度，加强公众沟通。在其《生物经济行动：实施框架》中，加强美国生物经济发展四项举措中的第一项即为扩大公众宣传力度，通过出版物、信息发布平台、研讨会、论坛等形式向大众宣传生物经济信息、发布成功案例。日本提出建立生物优先思想，在充分考虑有关生物技术的伦理、法律和社会问题的前提下，将生物优先思想深植入管理者到社会领导者再到政府层面。转变思路，着眼于长远利益来考虑社会问题，而不是仅仅从成本的角度出发。欧洲地区积极鼓励与企业、消费者、患者、农民、媒体、投资者、买房和决策者进行对话，改变对创新生物技术的宣传手段。同时，呼吁各国联合打击错误信息的传播源，降低民众对创新型技术的恐慌。英国将公众沟通作为实施生物战略的关键要素，使更广泛的社会充分了解并支持生物经济领域的研究和创新。

第六章　中国生物经济发展态势及区域动向

内容提要：近年来特别是新冠肺炎疫情暴发以来，国内生物经济发展势头喜人，发展生物经济的共识已基本形成，生物产业政策已成为地方经济政策主流，各地对生物技术产品和服务的需求不断扩大，发展生物经济的环境持续优化，“你追我赶”“争先恐后”的竞争态势愈演愈烈，生物经济发展活力强劲、势如破竹，很可能引发新一波发展浪潮。但调研发现，各地对生物经济的认识还有待提高，建议因势利导、乘势而上，引导各地深化对生物经济的认识，鼓励错位发展、形成合力，支持各地探索用改革的办法发展生物经济，进一步释放中国生物经济的发展潜能，加快建设生物经济强国。

为深入了解国内生物经济发展形势，采取线上线下相结合的方式，研究团队先后与广州、深圳、武汉、上海、济南、合肥、南京、苏州等地有关单位开展深入调研。其间召开了10多场地方政府座谈会，走访了百余家企业，并与部分行业协会和投资机构进行了深度访谈，总结梳理出中国生物经济发展态势及区域动向。

第一节　发展势头喜人：新冠肺炎疫情冲击下生物经济逆势增长

一、生物经济相关领域市场前景持续向好

2020年一场突如其来的新冠肺炎疫情，给国内大多产业带来较大冲击。而生物经济特别是生物医药领域，成为各经济领域中的“一抹亮色”。中国医药企业管理协会反映，2020年以来，生物经济所涉及的行业需求不降反增，成为为数不多支撑经济增长的动力源。以2020年第一季度数据为例，生物药品制品制造业投资和增加值同比分别增长15.1%和10.5%，化学药品原药产量、中西药零售额分别同比增长4.5%和2.9%，酒精、口罩、测温仪等产品的产能以及在

线问诊等服务的需求同比成倍增长。根据中国医药保健品进出口商会等相关行业协会介绍，2020 年 1 ~ 6 月，在原料药和防疫物资出口的带动下，医药制造业规模以上企业营业收入增速为 0.2%、利润增长 9.1%，分别好于工业整体增速 5.4 个和 21.9 个百分点，是制造业领域从疫情中恢复最快的行业之一（图 6-1）。

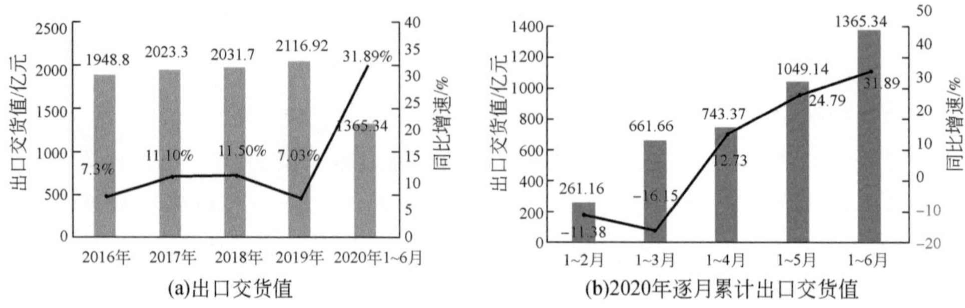

图 6-1　2016 ~ 2020 年医药工业出口交货值

二、生物经济相关行业受到资本市场“追捧”

根据清科集团提供的数据，2020 年前三季度，无论是数量还是金额，生物经济相关行业都已成为投资热门（表 6-1）。生物技术/医疗健康行业的风险投资案例数量和投资金额分别同比增长 7.0% 和 40.6%，在案例数量上仅次于 IT 行业，在投资金额上仅次于半导体及电子设备行业，在并购市场也十分活跃。国投创合基金管理有限公司简称国投创合的负责人反映，新冠肺炎疫情在一定程度上加深了资本市场对生物经济的认识和关注，2020 年前三季度，在国内药品医疗器械审评审批制度和内地、香港资本市场改革的助推下，医疗及医药行业在中国内地的 IPO 融资总额为 475 亿元，是 2019 年同期的近 7 倍。生物医药企业在资本市场已成为明星行业，上千亿市值的企业快速增加。

表 6-1　2020 年前三季度部分资本市场热门行业投融资情况

行业	股权投资市场		并购市场	
	案例数量/起	金额/亿元	案例数量/起	金额/亿元
生物技术/医疗健康	1020	1026	21	219.3
IT	1375	734.4	19	61.8
机械制造	284	198.9	33	1016.8
半导体及电子设备	695	1083.5	11	104.8

目前，国投创合在全国范围内已累计支持40多只以生物医药产业为重点投向的基金，直接或间接投资500多家生物医药企业，总投资金额约150亿元，培育出一批有影响力的创新型生物医药企业，进一步印证了生物经济的带动力。中国本土生物医药企业如雨后春笋，正开始追赶国际一流水平。

第二节　形成广泛共识：发展生物经济成为地方培育新动能的核心政策

一、生物医药成为各地培育发展生物经济的主要发力点

从调研情况看，越来越多的地方政府开始认识到，发展生物经济是顺应新一轮科技革命和产业变革趋势，推动地区经济高质量发展的重要领域，都抱着积极的态度推动生物经济发展。近年来特别是新冠肺炎疫情暴发以后，很多地方将生物经济相关产业列入新支柱产业和新旧动能转换的主要发展领域，下更大力气推动生物经济发展（表6-2）。

表6-2　把生物医药相关行业作为经济发展新动能的主要城市

城市	主导政策
上海	深入对接国家战略，按照建成具有全球影响力的科技创新中心的要求，集中精力在集成电路、生物医药、人工智能等领域打造世界级产业集群
广州	加快新旧动能转化，提出大力发展IAB（新一代信息技术、人工智能、生物医药）产业，积极打造产业生态圈
深圳	立足粤港澳大湾区，依托电子信息产业强大基础，提出“BT+IT”（生物技术和信息技术融合）的发展模式，重点打造生命健康产业链
合肥	借助长三角一体化战略，提出围绕“芯屏器合”（芯片、新型显示、工业机器人、人工智能和制造业加快融合）、“集终生智”（集成电路、面向消费终端的现代制造业、生物大健康、人工智能）培育一批新兴产业
南京	将新医药与生命健康产业列为五大产业地标予以重点推进
苏州	把生物医药列为四大先导产业之一，加快培育全国领先的生物经济产业集群

二、各地纷纷成立工作专班推动生物经济发展

通过调研了解到，近年来，各地纷纷建立领导小组等专门机构，完善统筹协调机制。例如，湖北早在2008年即成立了生物产业发展领导小组，并计划近期

升级为生物经济发展领导小组；苏州成立了推动生物医药产业集聚发展领导小组和打造苏州生物医药产业地标领导小组；深圳、上海金山区等地的生物经济相关领导小组也在筹备设立之中；合肥构建了生物医药产业链“链长”制度，由市长亲自挂帅担任链长。工作专班的成立表明各地加快发展生物经济的决心，强化了整体谋划和部署落实，为生物经济发展提供了有效的组织保障。

三、各地争相举办生物经济大会（论坛）宣传造势

调研发现，近年来各类生物经济相关大会论坛如雨后春笋般快速发展，主办单位不仅涉及各级政府、园区、各类协会，还有知名大企业。比较知名的有：由中国生物工程学会和武汉市人民政府、广州市人民政府联合举办的中国生物产业大会，由中国生物技术发展中心和苏州市人民政府共同举办的中国生物技术创新大会，由广州市人民政府主办的官洲国际生物论坛，由深圳市人民政府主办的 BT 产业领袖峰会，由中国医药创新促进会主办的中国医药创新与投资大会，由药明康德新药开发有限公司主办的药明康德健康产业论坛等。根据苏州相关部门提供的资料，苏州为进一步扩大影响力和知名度，提出每年举办不少于 10 场在国内外具有较大影响力的产业相关学术会议和活动，如 2019 年共举办了 13 次（表 6-3）。

表 6-3　苏州 2019 年举办的各类会议、论坛一览

大会名称	举办时间	举办方
2019 新药创始人俱乐部第四届年会	6 月 12 ~ 14 日	吴中区
合作共赢 · 创新发展——苏州市第二届规模型企业与创新型企业合作发展活动（生物医药专场）	6 月 14 日	苏州市人民政府
2019 第三届中美卫生合作论坛	6 月 22 ~ 23 日	工业园区
医疗器械注册电子申报信息系统专题论坛	6 月 28 日	高新区、国家药品监督管理局医疗器械技术审评中心
中国医学装备大会暨 2019 医学装备展览会	7 月 18 ~ 21 日	工业园区
“以数字经济和健康养老促进区域经济发展”经济技术交流会	8 月 23 日	相城区
2019 中国医疗器械创新创业大赛（决赛）暨医疗器械创新周	9 月 5 ~ 7 日	工业园区
第四届中国医药创新与投资大会	9 月 21 ~ 23 日	工业园区
“医疗器械 MAH 制度前沿问题”战略研讨会	10 月 9 日	高新区

续表

大会名称	举办时间	举办方
首届全球生物医药前沿技术与政策法规大会	10 月 30 日 ~ 11 月 1 日	工业园区
第七届中国国际医疗器械创新合作洽谈会（CMP2019）	11 月 29 日	高新区
2019 互联网+健康中国大会	12 月 12 日	相城区
新形势下药品和器械临床研究的新机遇新挑战高峰论坛	12 月 28 日	高新区

第三节　应用持续拓展：新应用场景成为生物经济快速发展的助推剂

一、现代生物新技术新产品示范应用释放新需求

之前，各地发展生物经济主要依靠供给端发力，注重支持高校科研院所，加快推动新技术研发和产业化。但事实上，随着供给侧结构性改革的深入推进，发展生物经济的“痛点”“堵点”已经更多在于需求侧，公众对生物技术和产品（特别是国产品牌）的认可程度普遍偏低，相关产品和服务难以打开市场的问题亟待解决。调研发现，越来越多的地方认识到，只有通过创造更多应用场景，加大示范应用推广力度，才能真正畅通供需，形成经济循环，塑造新的经济优势。为此，各地纷纷出台支持生物技术新产品、新服务、新模式的应用示范工程和政策（表6-4）。

表 6-4　各地推动生物技术应用示范的主要做法

城市	主要做法
深圳	在国内率先将无创产前基因检测纳入全市生育保险
广州	推广基因检测、细胞治疗、高性能影像设备等新兴技术应用，重点依托金域检验、达安基因等基因检测，国家、地方联合工程实验室开展个性化精准医学检测试点
苏州	依托苏州博奥医学检验所打造基因检测技术应用示范中心
合肥	依托离子医学中心打造精准医疗示范应用中心
上海	制定生物治疗技术临床应用管理规范，推进干细胞、免疫细胞治疗等先进生物治疗技术临床应用试点，支持医疗创新产品优先进入公立医院使用

二、BT+IT 融合新业态新模式催生新的增长点

生物经济加快与数字经济等业态融合，形成一批新业态、新模式、新应用，BT+IT 融合发展模式成为新亮点。例如，新冠肺炎疫情助推互联网医疗完成了有史以来最广泛的用户教育和市场普及，仅 2020 年上半年全国就有 215 家互联网医院挂牌，接近 2019 年全年互联网医院新增总量，后疫情时代的互联网医疗拉开了全面发展的帷幕。又如，深圳作为全球信息产业重镇，不断促进产业跨界融合，已初步建立生物数据库和医疗健康数据库，在药物研发、辅助诊断、健康管理、医疗影像、疾病预测等众多场景实现初步应用。江苏加快布局互联网、人工智能、大数据等新一代信息技术与医药产业的融合发展，南京、济南（图 6-2）、合肥积极推进国家健康医疗大数据中心建设和健康医疗大数据开发应用。

图 6-2　济南推进国家健康医疗大数据北方中心建设示意图

第四节　环境不断优化：生物经济领域改革探索和创新发展不断深入

一、争取国家支持推进生物经济领域改革创新和先行先试

上海在浦东新区率先试点药品上市许可持有人制度（Marketing Authorisation

Holder，MAH）、医疗器械注册人制度，推动了浦东新区生物医药特别是新药创制发展，使得国内首个通过MAH制度上市的一类新药呋喹替尼胶囊在浦东新区诞生，并将该经验复制推广到上海全市及广东、天津等地；围绕打造具有国际影响力的生物医药产业创新高地，积极争取国外已上市抗肿瘤等新药和新疗法先行先试、新增医疗服务项目及绿色创新通道耗材纳入医保支付、取消生物医药研发用货物进口前置审批、取消民营医疗机构大型医疗器械配置许可、探索生物医药研发合同外包服务机构（Contract Research Organization，CRO）企业研发保税试点等。武汉总结运用新冠肺炎疫情防控实践中行之有效的做法，争取支持武汉长江新城创建国家生命健康创新发展示范试验区，以公共卫生体系补短板、堵漏洞、强弱项为突破口，促进主动预防、产业创新及平战结合常态化。济南争取支持济南国际医学科学中心创建国家级医疗健康产业综合试验区，支持实施一批国家健康产业高质量发展重大工程，打造“产业特而强、形态精而美、功能聚而合、机制活而新”的医疗健康产业示范区。

二、加快优化营商环境，不断将国家改革部署落实落细

各地通过采取加大市场开放力度、进一步简化审批程序、提高审批效率、规范和下放审批权限等举措，为生物经济发展构建良好的产业生态和营商环境。例如，苏州提出打造优质的服务环境，为企业提供注册落户、新药申报、技术孵化等全链条服务，让企业加速成长；打造开放的市场环境，通过进一步完善市场准入机制，助力企业公平竞争；打造包容的创新环境，努力形成宽容失败的绩效评估、金融资本支持和社会文化氛围，为企业提供发展舞台。

三、构建创新友好型生物经济发展生态

广州组建生物产业联盟，聚集“政产学研医用融”各类单位，建立“研发机构+医院+企业”对接机制，设立人才基金，成立百亿级生物产业投资引导基金。合肥通过设立生物产业引导基金、出台生物产业专项政策、帮助企业对接市场，大力支持生物经济发展。苏州持续优化技术开发、检验检测、知识产权、人才服务等在内的公共服务体系，构建起集“人才、机构、平台、资本”于一体的全方位产业生态体系（图6-3）。

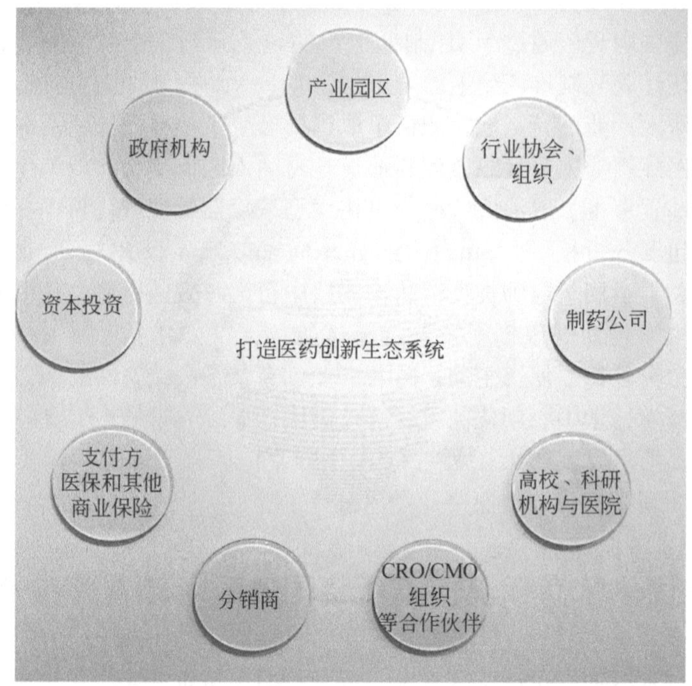

图6-3　苏州工业园对打造医药创新生态系统的理解与战略布局

第五节　竞争日益激烈：创新要素和国家级“帽子”的争夺愈演愈烈

一、各地引技、引人、引资政策力度超乎想象

调研发现，各地围绕生物经济发展，纷纷出台了具有较大力度的优惠政策，吸引人才、资金等各类要素。从吸引人才政策看，各地瞄准海外高端人才团队，下大力气引进，努力形成“引进一个高端人才、带来一个创新团队、壮大一个新兴产业”的“蝴蝶效应”。从扶持企业政策看，各地都关注龙头企业和中小企业共荣共生、协同发展，打造各具特色的生物产业集群。但我们也注意到，各地竞争已“白热化”，出现了“一哄而上”“同质化竞争”的苗头。调研发现，目前各地出台政策的力度“一浪高过一浪”，引资引智优惠政策不断加码（表6-5）。

表 6-5　部分地区促进生物医药发展政策及相关支持细则

城市	政策及发布时间	相关支持细则
苏州	2019 年 4 月 15 日，《关于加快推进苏州市生物医药产业高质量发展的若干措施》	对重大研发给予项目资金 20%、最高不超过 2000 万元的资助；对临床试验和研究给予每个企业每年不超过 3000 万元的资助；对新取得医疗器械注册证书的企业给予 50 万～500 万元的资助；对重大项目，以总投资是否超过 1 亿元，给予 10% 资助或"一事一议"支持
深圳	2020 年 1 月 22 日，《深圳市促进生物医药产业集聚发展的若干措施》	对企业开展核心技术突破的前期研究予以全额资助，对关键核心技术研发给予投资总额 40%、最高不超过 3 亿元的资助；对临床试验和研究给予每个企业每年不超过 1 亿元的资助；对于重大项目，以总投资是否超过 20 亿元，给予 10% 水电等配套支持或"一事一议"支持；对产品委托生产，按实际投入费用的 20% 予以资助
上海	2020 年 9 月 9 日，《中国（上海）自由贸易试验区临港新片区集聚生物医药产业发展若干措施》	对企业开展关键核心技术研发给予投资总额 50%、最高不超过 3 亿元的资助；对临床试验和研究给予每个企业每年不超过 1 亿元的资助；对取得生产批件与上市销售许可的企业给予 200 万～1000 万元的资助；对重要项目，不限投资金额，给予总投资的 10%～30%、最高不超过 5 亿元的支持，对产品委托生产，按实际交易合同金额的 5% 给予资助，或按实际投入费用的 20% 予以资助
合肥	2020 年 9 月 28 日，《关于进一步吸引优秀人才支持重点产业发展的若干政策（试行）》	对在合肥缴纳个人所得税的生物医药等重点产业企业高层次人才择优发放岗位补贴，参照标准为：三年内按实缴个税地方留成部分等额补贴，之后两年减半补贴

二、国家级"帽子"成为各地争夺生物经济发展主动权的重要手段

根据调研情况梳理，国家级"帽子"大致分为三类。第一类是基础研究类，主要包括国家重大科技基础设施、国家实验室、国家重点实验室等。第二类是产业应用平台类，主要包括国家产业创新中心、国家技术创新中心、国家制造业创新中心、国家临床医学研究中心、高级别生物安全实验室、生物资源库等。第三类是区域类，主要包括国家战略性新兴产业集群、产业创新高地等。调研发现，各地围绕各类国家级牌子的竞争十分激烈（表 6-6），能争取的"帽子""牌子"都想方设法去争取。

表 6-6　各地争夺各类国家级“帽子”情况一览

城市	争取的“帽子”	所属类型
上海	争取到国家支持打造生物医药产业创新高地的政策	综合类
合肥	积极争取稳态强磁场、合肥光源等重大科技基础设施落户	第一类
广州	积极推动生物岛实验室建设国家实验室，着力建设国际种业中心及种质资源库、高级别生物安全实验室等	第二类
南京	着力建设国家人类遗传资源共享服务平台江苏创新中心、国家健康医疗大数据（南京）中心、国家生物技术药物产业计量测试中心等。目前在积极争取建设生物安全三级实验室（P3）	第二类
苏州	获得“国家战略性新兴产业集群”（生物医药产业）支持，开始积极谋划“国家生物大分子药物产业创新中心”和“国家生物药技术创新中心”这两块国家级“帽子”	第三类+第二类

第六节　认识有待提高：用新理念新办法拥抱生物经济“风口”

通过实地调研，我们深刻感受到国内生物经济发展之势已近在眼前，但也发现一些地方对生物经济发展的认识还有偏差，发展生物经济的手段还比较传统。为此建议，应顺势而为，迎势而上，把以下三个方面作为迎接生物经济“风口”的主要抓手。

一、深化发展生物经济是“大势所趋、形势所迫”的认识

调研中，中国科学院成都文献情报中心研究员告诉我们，近年来美国、德国、英国、日本等国竞相发布生物经济战略，积极开展实施路线图规划和相关项目部署，以争取未来国际竞争的主动权。新冠肺炎疫情发生后，中国在坚持新发展理念的基础上，旗帜鲜明地提出科技创新要“面向人民生命健康”，这是党中央在“三个面向”（面向世界科技前沿、面向经济主战场、面向国家重大需求）基础上，根据当前新冠肺炎疫情，坚持“科技为民”作出的新部署，为中国“十四五”以及更长一个时期推动创新驱动发展、加快科技创新步伐指明了方向。此外，中国还要实现在 2030 年前达到二氧化碳排放峰值、2060 年前实现碳中和的目标，唯有着力发展生物经济，加快构建绿色低碳循环经济体系，才能更好地实现绿色和可持续发展。

为此，要向社会各界更好地宣传推进生物经济发展的重大意义，认清新一轮

科技革命和产业变革深入发展、新冠肺炎疫情影响广泛深远、国际科技经济合作格局深刻调整等宏观环境变化，把“面向人民生命健康”的新要求作为引领发展生物经济的遵循和指引，进一步发挥生物经济在建设现代化经济体系、建设科技强国中的关键作用。

二、改变把生物经济等同于生物医药的认识

尽管生物经济发展如火如荼，但我们在调研中也发现，各地对生物经济的理解还不够准确，甚至把生物经济简单等同于生物医药，或理解为生物产业。多个地方向我们提出，要明确生物经济的内涵外延、行业范围以及统计口径，便于他们开展具体工作，与兄弟省市进行对照比较。事实上，生物经济是以生命科学理论为基础，建立在保护、利用生物资源之上，为满足人类生存及经济社会可持续发展，提供生物技术产品和服务，形成的一种生产、流通、分配模式和制度体系。其覆盖医药、医疗器械、农业、食品、化工材料、能源、资源环保、健康服务等领域，涉及创新、产业、民生、资源、改革、安全等多方面内容。

为此，建议加快顶层设计，研究出台“国家生物经济发展规划”或相关指导意见，统一各地对生物经济的理解和认识，进一步聚焦生物经济对社会民生、生态环境的作用，深挖面向“健康中国”“美丽中国”“平安中国”的需求。同时，加快相关统计指标和考评体系建立，合力引导预期，避免“一哄而上”导致恶性竞争。

三、鼓励用新理念、新办法发展生物经济

调研中我们发现，各地培育发展生物经济还在沿用惯性思维。例如，在谈及培育发展生物经济的目标时，地方还是沿用“规模”“体量”相关指标，依然把做大作为发展生物经济的首要目标。一些后发地区的招商手段依然还是以“靠地”“靠补贴”为主，招引目标主要还是“大项目”。事实上，生物经济领域往往是高风险、高投入和高回报的，必须接受严格的监管，而且对生物资源有较高的需求。这就决定了发展生物经济不能还用“老套路”。很多科学家、企业家向我们反映，他们更希望到政府更能理解这个行业、更能提供良好生态的地方去发展。这个“生态”就包括有没有对人才的吸引力，有没有大量的风险投资，有没有良好的应用市场，有没有建立政府与企业家科学家沟通的通道，有没有对发展中的“痛点”“难点”寻找解决方案，有没有畅通创新链与产业链等。

为此，建议统筹谋划，鼓励地方通过体制机制创新吸引和汇聚生命科学前沿

技术、企业、人才和资金，最大限度地激发科研院校、医院、平台及新型研发机构的活力，更好地发挥医疗机构在临床资源方面的作用，把重点支持项目的发展方式转变到投“基金”、投“平台”上来，更加善于用好需求侧政策，为生物经济发展提供更好市场环境。同时，鼓励更好地发挥地方积极性和主动性，适度扩大授权和先行先试的范围。

第七章 生物经济发展的文献综述

内容提要：基于文献检索与分析，从生物经济的概念兴起与演变、主要特征、发展阶段判断、对经济社会发展影响、政策取向五个方面进行观点综述，提出生物经济研究的拓展方向：一是立足新时代背景深化生物经济的概念内涵及发展意义，二是立足新框架、新方法推动生物经济理论和政策研究，三是立足新思路、新举措谋划新时期中国生物经济创新发展。

生物经济一头连着社会民生、一头连着经济发展，一直备受各界关切。特别是受新冠肺炎疫情影响，围绕生物经济的话题引起社会各界热议。通过文献检索分析，从生物经济的概念兴起与演变、主要特征、发展阶段判断、对经济社会发展影响、政策取向五个方面进行观点综述，并提出下一步生物经济研究的拓展方向。

第一节 生物经济概念的兴起与演变

一、学术层面关于生物经济概念的探讨

“生物经济”概念的形成与发展源于20世纪末生命科学和生物技术蓬勃发展，较为一致的观点认为其来源于美国未来学家、Biotechonomy LLC公司董事长Enriquez，其通过列举葛兰素史克、诺华集团等世界主要生物医药公司业务发展情况，认为基因组学等新发现与新应用将引发分子-基因革命，使医药、健康、农业、食品、营养、能源、环境甚至是计算机等行业界限逐渐模糊，进而导致世界经济发生深刻变化（Enriquez，1998）。虽然文章通篇未使用“Bio-economy”“Bio-based Economy”“Bioeconomy”等生物经济相关词汇，但已经提到“Biotechnology”“Biotech”“Economy”（“生物技术学”“生物技术”“经济”）等词汇，通常认为这是对现代生物经济概念的较早理解或诠释。但其观点并非严格意义上的生物经济概念，而是意指“现代生命科学突破所推动的经济”。随后，生物经济作为一个新兴概念引发学界关切。通过对世界上收录科技

和医学文献最多的 Scopus 数据库检索分析发现，生物经济作为学术概念在 2005 年之后引发广泛讨论，2015 年以来文献成果更趋指数型增长（图 7-1）。Birner（2018）认为生物经济概念的发展主要体现在两个方面：一是资源替代观（Resource Substitution Perspective）；二是生物技术创新观（Biotechnology Innovation Perspective）。在 21 世纪前十年，资源替代观占据主流地位，其背后推动力是所谓的“石油危机”，部分学者认为石油开采率已经达到预期，萃取率将逐步下降，而石油价格将持续上涨（Bardi，2009），这增加了使用生物质能源和材料的比较优势。而进入第二个十年后，生物技术创新观逐渐占据上风，其背后推动力则在于《巴黎协议》引发的环保压力。

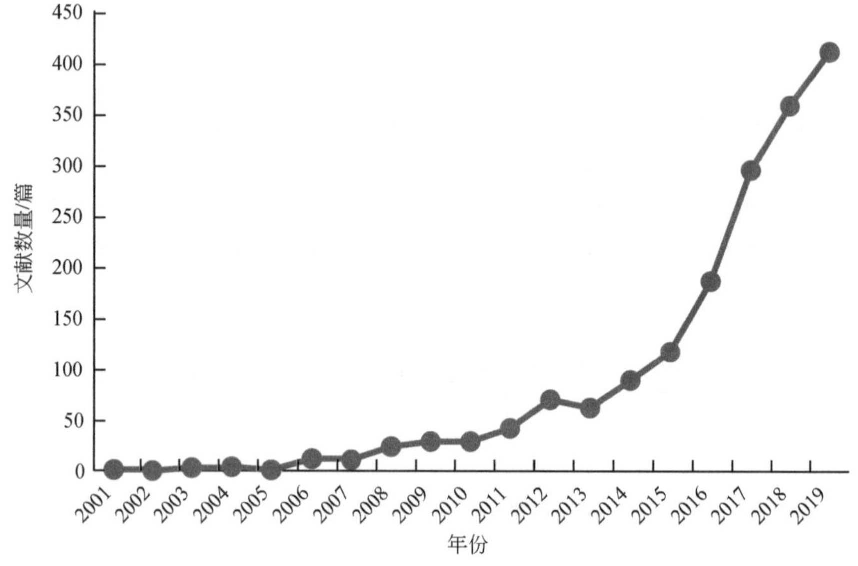

图 7-1　2001 年以来 Scopus 数据库收录的生物经济相关文献

中国关于生物经济概念的提出可以追溯到 1992 年（图 7-2），《2020 年新视野》的观点认为，资讯经济时代将在 2020 年结束为期七十年的发展周期，进入深受人工智能和生物科技影响的生物经济时代。邓心安（2002）明确提出生物经济概念，认为是以生命科学和生物技术的研发与应用为基础的、建立在生物技术产品和产业之上的经济，是一个与农业经济、工业经济、信息经济相对应的新的经济形态。李维安（2005）、于洪良（2006）、姜江（2020）延续了这个概念内涵，也认为生物经济的基础是生命科学与生物技术研发与应用，并认同生物经济包括生物体及相关产品生产、加工、分配、应用等，是建立在生物技术产品和产业之上的经济。但区别于以上观点，王宏广（2003）、王宏广等（2018）则认为，生物经济建立在生物资源、生物技术基础之上，更强调生物资源的重要性。

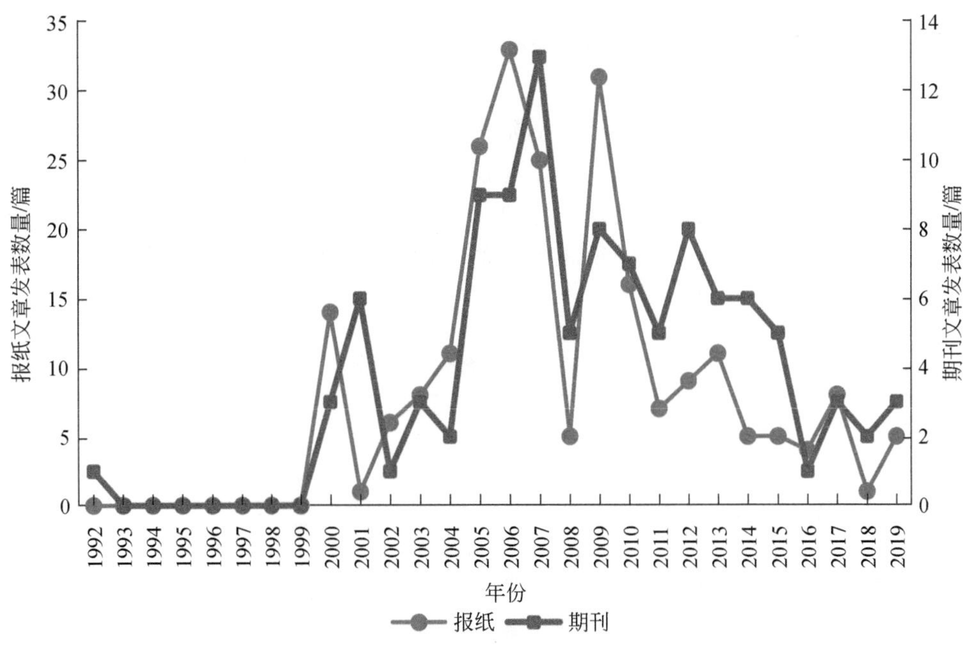

图 7-2　1992～2019 年中国知网收录的关于生物经济的文献

此外，中国媒体对生物经济的关注较早，总体可以分为四个阶段：第一阶段是 2000～2003 年，《光明日报》《经济日报》等主流媒体发文关注生物经济时代即将到来（陈庆修，2000），这一时期的观点主要介绍生物经济的发展历程、前景展望等，对“生物经济”内涵及外延则语焉不详。第二阶段是 2004～2006 年，重要背景是 2005 年前后为探讨 21 世纪前 20 年中国经济发展的重要战略机遇期问题，光明日报社组织了历时两年之久的“第六次产业革命及产业发展问题探讨”“生物经济强国战略专题探讨”，并在《光明日报》发表了系列文章（曹小华，2005；严汉平，2005；辛向阳，2005；金振蓉，2006），涉及生物经济发展趋势、产业发展路径、跨越式发展突破口、对策建议等，但均未提及生物经济的概念。第三阶段是 2007～2010 年，重要背景是 2008 年国际金融危机后，发展生物经济成为应对金融危机的一项重要措施（王敏，2009），部分学者提出“生物经济是以生命科学和生物技术研究开发与应用为基础、建立在生物技术产品和产业之上的经济”。第四阶段是 2011 年至今，关于生物经济的媒体报道逐步下降，媒体新闻更多是各地布局生物产业、发展生物经济的相关内容。

二、政府层面关于生物经济概念的实践

政府层面积极进行生物经济战略部署和生物技术科技创新，很大程度上推动了生物经济内涵及外延的发展演变。特别是 2004 年经济合作与发展组织发布的《可持续增长与发展的生物技术》报告中明确提出“生物经济”概念后，以美国、欧盟为代表的世界各国纷纷颁布生物经济发展报告，提出了若干具有代表性的生物经济概念（表 7-1）。

表 7-1　生物经济概念划分

国家、地区或组织	生物技术	生物资源	生物生态
经济合作与发展组织（2004 年）		●	
经济合作与发展组织（2006 年）		●	
经济合作与发展组织（2011 年）	●	●	
欧盟（2005 年）	●	●	
欧盟（2011 年）		●	
欧盟（2018 年）	●		●
美国（2012 年）	●		
美国（2020 年）	●		
芬兰（2011 年）		●	
芬兰（2014 年）		●	
马来西亚（2013 年）	●	●	
南非（2014 年）		●	
德国（2016 年）		●	

2004 年，经济合作与发展组织发布的《可持续增长与发展的生物技术》报告，将生物经济定义为利用可再生生物资源、高效生物过程以及生态产业集群来生产可持续生物基产品、创造就业和收入的一种经济形态。2006 年，经济合作与发展组织在《迈向 2030 年的生物经济：设计政策议程》的报告中，提出生物经济是经济运行的聚合体，通过生物产品和生物制造的潜在价值使命来为公民和国家赢得新的增长和福利。2011 年，经济合作与发展组织进一步将生物经济定

义为利用生物技术和可再生能源资源生产生态产品和服务基础上的经济。

2005 年，欧盟将生物经济概括为以知识为基础，将生命科学知识转化为新的、可持续、生态高效并具竞争力的产品，能源和工业原料不再完全依赖于化石能源的未来社会。2011 年发表的政策白皮书《2030 年的欧洲生物经济：应对巨大社会挑战实现可持续增长》将生物经济定义为通过生物质的可持续生产和转换来获得食品、健康、纤维和工业产品及能源等一系列产品的经济形态。2018 年，欧盟将生物经济定义为覆盖所有依靠生物资源（动物、植物、微生物和派生的生物量，包括有机废物）的部门和系统。

以《开发和推进生物基产品和生物能源》总统令为标志，1999 年 8 月美国正式提出"以生物为基础的经济"（Bio-based Economy）概念。在 2012 年发布的《国家生物经济蓝图》中，生物经济被定义为以生物科学研究与创新的应用为基础、用以创造经济活动与公共利益的经济形态。在 2020 年发布的《保卫生物经济 2020》中，生物经济被认为是由生命科学和生物技术的研究和创新驱动的经济活动，并由工程学、计算和信息科学的技术进步促成。

德国生物经济理事会 2016 年提出，生物经济是可再生资源的可持续与创新利用，以提供食品、原料和具有增强性能的工业产品。

芬兰国家创新基金会归纳了生物经济的三个层次：生物经济是与可持续资源利用相关的新兴商业领域，是应对气候变化、资源紧缺等诸多问题的社会战略，是改变人们思维和提供可持续生活方式的新的经济社会系统。《芬兰生物经济战略》将生物经济定义为利用可再生自然资源，生产食品、能源、生物技术产品和服务的经济活动。

马来西亚政府 2013 年发布的《生物经济转型计划》提出，生物经济是可再生生物资源的可持续生产，并通过创新和技术将资源高效转化为食物、饲料、化学品、能源、健康医疗与福利产品的综合形态。

南非政府 2014 年发布的《生物经济战略》提出，生物经济是建立在生物资源、材料和工艺过程基础之上，促进经济、社会及环境可持续发展的一系列利用生物创新的活动。

总的来说，大部分定义包含以下共性特征：①生物经济起源于生命科学和生物技术的研发。②通过生物过程（Bioprocess）生产可再生与可持续的生物基产品；可再生生物质又称可再生生物资源（Renewable Biological Resources）是生物经济发展的重要基础。③生物经济与节能减排、绿色可再生、健康福利、产品绿色转换、经济绿色转型等密切相关。④生物经济正在兴起，尚处于成长阶段。然而，不同国家或组织关于生物经济的定义则又具有不同的发展愿景——生物技术、生物资源和生物生态。生物技术愿景主要关注生物技术研究和应用以及生物技术在不同领域的商业化，以及促进经济增长和劳动就业，而环境保护和可持续发展居次要地位。与生物技术愿景不同，生物资源愿景框架下的经济增长主要依赖生物资源。虽然生物生态愿景与生物资源愿景有诸多联系，但生物生态愿景更加侧重于促进生物多样性以及避免单一种植和土壤退化，强调使用有机农业生态实践和生物生态工程技术，增加农村和城市周边地区的发展机会，通过生产高质量的产品实现农村经济的增长。

第二节　生物经济的主要特征

作为与农业经济、工业经济、信息经济相对应的新的经济形态，生物经济既有新经济的共性特征，也呈现出一些独特的行业特征。

一、技术和产业特征

生物经济是建立在生命科学与生物技术研发与应用基础之上的经济形态，基本要素是知识与技术。创新是生命科学与生物技术从研发到应用的一个过程，即将科学技术成果推向产业化的过程，所以技术密集是生物经济最本质的特征（李嘉和马兰青，2012）。与此同时，生物经济是典型的资本密集型产业，资本成本在企业的总成本费用中占比较高，而研发投资成本在资本成本中占比最高，并且随着新药复杂性的不断增加，研发成本不断上升。目前，美国单个新药的研发费用平均成本已升至约 18 亿美元，最高已达到 118 亿美元（王飞，2019）。

二、风险和收益特征

生物经济的高风险主要表现为技术向产品转化的速度慢、周期长，产品开发阶段多、环节复杂、成功率低。由于生物技术产品基本上与人类的安全和健康密切相关，为最大限度地保证生物技术产品的安全性和稳定性，需要对安全性和稳定性进行必要的验证，因此生物技术研发和产品生产所需经过的验证、检验和审批环节多、时间长，且有些阶段的时间周期很难因技术进步而缩短（陈永法等，2018）。虽然生物技术产品的研发面临着极大的不确定性，但一旦成功就可能意味着巨大的商业机会和高额的经济利润。有研究表明，工业经济和信息经济的商业回报分别是以等差级数和等比级数形式递增，而生物经济则是以指数形式递增（丁认全和丁晨，2018）。

三、影响和渗透特征

本质上讲，生物经济是生命科学与其他相关学科实现技术融合、业务与产品融合、市场融合而产生的产物，因此也就表现出极强的技术渗透性和产业关联性。具体来说：一是生命科学各学科之间的相互融合，涉及细胞学、微生物学、免疫学、分子生物学、化学工程、生物化学、遗传学等众多学科门类；二是生物技术与农业、工业制造、环保、能源、材料等产业技术的融合，促进了生物农业、生物制造、生物能源、生物环保产业的形成和发展；三是生物技术与信息技术、材料科学、人工智能技术、先进制造技术等高新技术产业的融合，形成了生物芯片、生物信息、生物材料、生物能源、生物光电、生物传感器等高技术产业（丁认全和丁晨，2018）。

四、资源和可持续特征

由于生物基因具有稀缺性，抢占基因资源成为影响生物经济发展的一个重要因素。虽然基因本身不能被专利，但使用这些信息的方法可被专利。如果上游技术被专利，下游工作难度将加大，甚至完全失去参与的权利，将无法分享市场份额（李嘉和马兰青，2012）。另外，生物经济通过生物过程与生物炼制技术，生产生物化学品、生物材料以及生物能源等，从根本上降低了对化石基原材料与能源的依赖，与此同时通过采用生物科技改造动植物和微生物，选育优质高产新品种，减少了传统产业对土地、气候等资源条件的依赖，从而使得经济社会发展更具可持续性（楚宗岭等，2013）。

第三节　生物经济发展阶段的判断

一、关于生物经济发展阶段的认识

关于生物经济发展阶段的基本共识是其可以分为孕育、成长和成熟三个阶段。以 1953 年 DNA 双螺旋结构的发现和 2000 年人类基因组破译完成为标志，2000 年后进入成长阶段（邓心安等，2018）。对于成长阶段何时结束、成熟阶段何时到来尚未有一致的认识，普遍认为目前正处于生物经济快速成长期的重要关口。潘爱华（2003）认为 2000 ~ 2020 年是生物经济的成长阶段，主要表现是大量生物技术产品投向市场，产业初具规模，成熟阶段则从 2020 年开始，现代生物产业成为支柱产业，人类进入生物经济时代。厉无畏（2010）在全国政协十一届三次会议上提交提案中认为，2020 年世界将进入生物经济时代，革命性的市场投放阶段预计将在 2025 年后到来，到 21 世纪中叶，生物经济进入成熟阶段。邓心安（2018）预计，到 21 世纪 30 年代初，生物科技产品得以廉价且普遍使用，标志着生物经济发展进入成熟阶段，经济社会进入真正的生物经济时代。王昌林和韩祺（2017）认为在 2025 年之后人类跨入生物经济成熟期。姜江（2020）认为，预计 2030 年前后将步入真正意义的生物经济时代。

二、关于生物经济总体规模的判断

囿于生物经济概念的多元化、产业界限的模糊性、统计数据的可得性等诸多原因，联合国乃至世界各国关于生物经济尚未有专门的统计口径，已有研究更多是采用匡算方法进行测算。预测生物经济未来规模，需要事先给出生物技术创新的速度和产业化时间，以及政策监管对生物技术创新的适应程度（OECD，2006）。

国外文献关于生物经济规模的测算方法相对成熟，勾勒出了欧美国家生物经济的大致规模。德勤公司发布的《2018 年全球生命科学行业展望》提出，2021 年全球生物技术收入预计将增长至 3147 亿美元。Grand View Research（2017）估算，全球生物技术产业 2016 年的市场总规模约为 3700 亿美元，到 2025 年将超过 7000 亿美元。Kuosmanen 等（2020）基于 2015 年投入产出数据，使用改进的 Heijman（2016）投入产出方法，测算出 2015 年欧盟 28 国生物经济总量约为 14606 亿欧元，占 GDP 九分之一；从分国别生物经济占 GDP 比例看，丹麦为 11%，意大利、芬兰各为 13%，波兰为 15%，罗马尼亚为 18%。

关于中国生物经济的产值规模，Grand View Research（2017）认为虽然近年来发展速度很快，但规模不足美国的十分之一，中国的生物制剂市场为 4.7 亿 ~ 62 亿美元，农业生物技术市场约为 81 亿美元。科技部社会发展司和中国生物技术发展中心（2018）指出，“十二五”期间，中国生物产业发展迅速，复合增长率达到 15% 以上，2020 年产业规模有望达到 8 万亿 ~ 10 万亿元，生物产业增加值占 GDP 的比例将超过 4%，该数值与《“十三五”国家战略性新兴产业发展规划》关于生物产业的规模预期一致。国家发展改革委产业经济与技术经济研究所课题组（2019）依据全国卫生费用总支出与健康产业产值比例，对生命健康产业的发展规模进行了测算，基准情景下生物健康产业产值规模在 2025 年达到 15.63 万亿元，增加值规模为 5.96 万亿元，占 GDP 比例为 4.4%。

第四节　生物经济对经济社会发展的影响

一、积极影响

（一）保障人类健康水平及国家安全

当前，生命科学与医学研究范式、疾病诊疗模式、健康产业业态正在发生变化，人口健康科技的数字化、智能化、系统化、工程化趋势愈加明显，精准防诊治模式不断深化，早预防、早诊断的水平不断提高，免疫视角的疾病发生机制受到重视，新型疗法不断取得突破，颠覆性技术、跨学科技术的创新，使跨组学研究、人类表型组学、单细胞与细胞图谱研究不断深入，推动生命科学解析更趋精准化、系统化，改造、仿生、再生、创生能力不断加强（科学技术部社会发展科技司和中国生物技术发展中心，2019），一系列生物技术的应用将会大幅度提高人类的健康水平。另外，利用好生物技术，能够有力保障国家安全。当前，许多国家已经把生物安全纳入国家安全战略。美国围绕生物盾牌计划、生物监测计划和生物传感计划，部署了一系列具有国防和军事意图的项目任务，在生物反恐和疫情处置中发挥重要作用。

（二）推动制造业、能源行业等转型升级

一方面，利用现代生物技术，能够有效地改造传统产业，提高经济效益，应对资源短缺并减少环境污染（徐晓勇和雷冬梅，2012；邓心安和王晓鹤，2012；曾海燕和邓心安，2014）。相对于传统工业制造特别是化学工业，生物炼制及生物过程不但可以节省生产过程上的能源消耗，而且能够减少温室气体排放，促进传统工业的转型升级。另一方面，生物技术运用的深度和广度不断扩大，将促进众多以不可替代资源为主要原料的产业向以可再生生物质原料为主的新兴产业转型（王敬华和赵清华，2015），缓解能源短缺压力。

（三）促进生物农业快速发展

一些研究认为，生物经济发展带来的生物技术提高能够促进农业产量和质量的提高，农业生物技术将创造动植物新品种，创造新肥料（生物肥料）、新农药（生物农药）、新地膜（可降解地膜）、新食品与饲料添加剂，全面提升农业综合生产力，推动第二次“绿色革命”（徐晓勇和雷冬梅，2012；邓心安，2018b；

邓心安等，2018）。也有一些研究指出，生物经济将推动创制一批突破性新品种，运用基因工程、发酵工程、细胞工程、酶工程以及分子育种等生物技术，改良动植物及微生物的品种和生产性状，培育动植物及微生物新品种，培育一批具有国际竞争力的生物育种企业（杨波和刘宏丽，2005；周肇光，2015；王昌林和韩祺，2017）。

二、风险挑战

（一）安全风险

生命技术的安全风险主要包括转基因生物食品的风险、基因治疗的风险、异种细胞核移植的风险、生殖性克隆技术的风险、被基因技术改造过的细菌、病毒给其他生物和自然环境带来的风险、转基因生物给生态环境和生态平衡带来的风险、转基因技术因引发国际基因资源争夺而带来的风险等（于修成，2009）。中国未来新型生物威胁的表现形式可能有：合成和施放新病原体制造的可疑疫情更难防范；大规模人与动、植物疫情的流行将日益频繁，每年将至少应对一种新发突发传染病；人工设计合成病毒的致病力和传播力将更强，低致死、高致病、易传播、难追溯特性的生物因子出现的可能性大增；低成本、易使用的生物武器和生物攻击威胁将长期存在；人类遗传资源和特殊生物资源流失的风险持续增加，病原体安全监管难度加大，高等级生物实验室发生人为破坏或泄露的风险较大，细菌耐药蔓延趋势增强；外来物种入侵已造成局部生态环境严重破坏，并将扩展到人类健康及产业等领域（刘杰等，2016）。

（二）伦理风险

生命技术的伦理风险主要包括：转基因技术的产物即转基因食品可能侵犯消费者的知情选择权；基因治疗技术可能侵犯病人及其监护人的知情权；基因检测和基因诊断技术可能侵犯个人的隐私权；基因治疗技术因其能够设计和制造生命而冲击宗教信仰；设计和制造人的生命将会侵害人的尊严；生命技术在被运用过程中，因其被不公正地选择和运用而影响社会公正，基因技术会助长基因歧视和新的种族主义（于修成，2009）。肖显静（2016）基于生物完整性的视角，对转基因技术进行了伦理分析，认为异源转基因技术违背了生物物种的完整性，应伦理地拒斥；而同源转基因技术一般没有损害生物物种的完整性，可伦理地接受；基因内修饰技术有可能损害生物物种的完整性，需具体分析。

第五节　促进中国生物经济发展的策略和政策取向

一、关于顶层设计和部门协同的政策

从国际上看，主要发达国家已经制定了比较清晰的生物经济发展战略，作为一个生物资源大国，中国应当尽早提出国家生物经济发展的中长期规划和发展战略（辛向阳，2005；厉无畏，2010），加大对生物经济、生物技术的支持力度（王宏广等，2020）。要围绕形成生物产业良性发展的创新链、产业链，统筹生物技术产品的各个环节，建立适应生物经济发展的管理体系，加强统筹协调，切实解决“头痛医头、脚痛医脚”的局面（姜江，2020），由国家某一部委牵头，成立多部门相互协调的生物经济产业发展权威领导小组（徐晓勇和雷冬梅，2012；张元钊，2017）。

二、关于创新和产业发展主体的政策

企业是市场的主体，也是技术创新和科技投入的主体。生物产业国际竞争归根到底是企业的竞争，必须通过市场和政策引导，加快发展具有国际竞争力的生物产业大公司、大企业集团，方能在生物产业国际竞争中占据有利地位（张晓强，2005）。政府则更加需要发挥功能性产业政策的作用，在产业集中度较高的产业领域，建立以大企业研究院为主体，产学研相结合的创新技术供给模式；对产业集中度不高的产业，建立以公共研发机构为主体、产学研相结合的创新技术供给模式；在技术更新换代快、市场化活跃和新兴产品领域，应用现代技术手段，充分营造技术成果转化、应用和产业化的政策环境，发挥多元化主体在产业创新技术供给中的作用（高凤娟和丁礼祥，2010；邓心安等，2013a；邓心安等，2018）。

三、关于重点和特色优势领域的政策

新兴的生物技术存在着资金投入高、见效慢等特点，受政府财力、产业发展基础、技术能力等方面限制，必须确立发展方向，明确优先发展领域，给予相关产业、企业不同程度的政策扶持（张元钊，2017）。要选择若干有重大突破、能长远地产生经济社会效益的生物技术进行战略攻关，用 3 ~ 5 年的时间解决若干市场前景广阔、广泛影响社会经济发展的重大课题，抢占世界生物技术的若干制高点（辛向阳，2005）。在生物医药领域，以严重依赖进口的医学影像诊断和先进治疗的前沿产品为主攻方向，突破新型成像、先进治疗和一体化诊疗等颠覆性技术，重点加强数字诊疗装备、体外诊断产品、高值耗材等重大产品攻关。

四、关于市场需求培育的政策

要积极培育强大国内市场，引导消费者积极尝试、购买各类生物技术产品和服务。进一步将产前基因检测筛查等纳入扩大医疗保险覆盖范围，积极拓展生物医药应用范围，发展商业健康保险，对拥有自主知识产权的生物药品，按照国家有关程序进行评审，符合条件的纳入医疗保险目录。鼓励推广使用农林良种、生物农药、生物肥料、生物饲料及饲料添加剂、完全可降解生物薄膜等。稳步推进非粮燃料乙醇应用试点，有序开展生物柴油应用试点。规范生物产品市场秩序，依法查处制假售假、商业欺诈等行为。督促指导生物企业加强环境保护，确保污染物排放达标（高凤娟和丁礼祥，2010；姜江，2020）。

五、关于构建公平竞争市场环境的政策

随着改革开放的深入推进，中国市场准入管制逐步放松，但仍然存在着限制企业进入和公平参与竞争的“玻璃门”“旋转门”“弹簧门”等问题。生物技术研发投入规模大和部分技术（准）公共物品的特性要求有实力的国有企业参与其中，但是生物技术含量高、技术发展方向高度不确定以及竞争性强的特征要求充分调动民间的投资积极性，吸引大量的企业特别是民营企业、中小微企业的参与。除涉及国家安全、公共安全的技术、产品和服务外，大幅度放开准入限制，绝大部分交由市场确定价格，激励企业从事高附加值产品和服务的开发（姜江，2020）。

六、关于试点突破和示范带动的政策

推动生物经济发展，某种程度上要突破既有体制机制性障碍，涉及固有利益格局的调整，但因为发展对象、条件、承受能力等方面的差异，要确保政策顺利推进，最优的方法则是在一些地区、行业开展试点。尤其是新药和新的治疗技术涉及人类生命健康，如何兼顾管制的要求，又能让各种创新主体放开手脚，开展试点突破、提供应用场景，具有重要意义。高振等（2019）提出积极探索建立创

新型政策措施扶持生物制造产业发展，鼓励开展先行先试示范区试点建设，突出引领示范作用；姜江（2020）提出在准入、监管、定价、保险、税收、安全、重大问题争端解决机制等方面，积极探索体制机制和政策的先行先试。

七、关于营造良好社会氛围的政策

要充分发挥科普的媒介和桥梁作用，通过开展群众性、社会性、经常性的科普活动，向公众提供更多有关产品性能和对消费模式、生活方式造成何种影响的信息，帮助消费者做出合理的选择，获得公众对生物经济发展的理解和支持，引导公众的生态环保安全、经济绿色低碳、能源循环再生等可持续发展意识（张元钊，2017）。要从发展和进化的视角，采用“创新与伦理规制”适度平衡的态度与方式，理性认识和应对生命科学与生物技术相关的伦理问题（邓心安，2018a）。

第六节　简 要 总 结

通过文献梳理发现，现有研究已涵盖生物经济发展的诸多方面，为生物经济政策制定和健康发展提供了有益参考，但在概念界定、时代意义、政策设计及研究方法等方面仍需深化研究。第一，生物经济概念经历了从资源替代观到生物技术创新观的转变，世界各国基于自身资源禀赋、技术能力、产业发展预期等多重因素，关于生物经济概念的界定在生物技术、生物资源、生物生态三种愿景下各有侧重。第二，生物经济特征可以归纳为技术和资本双重密集、高风险和高收益并存、技术渗透性和产业关联性强、生物资源依赖性和代际可持续性强等。第三，关于生物经济发展阶段的划分，基本共识是将其分为孕育、成长和成熟三个阶段，对于成长阶段何时结束、成熟阶段何时到来尚未有一致认识，普遍认为目前正处于快速成长期的重要关口。第四，生物经济对经济社会发展的影响，既涉及对人类健康医疗以及制造业、能源、农业等产业发展的积极影响，也涉及生物技术对安全和伦理方面带来的风险挑战。第五，对促进中国生物经济发展的策略和政策取向，主要包括注重顶层设计和部门协同、注重科技创新和产业发展的企业主体、注重特色优势领域率先发展、注重市场需求培育和政策配套、注重营造公平竞争市场环境、注重试点突破和示范带动、注重营造良好社会氛围等。

一、立足新时代背景深化生物经济概念内涵及发展意义

从生物经济的文献研究与发展实践看，世界各国关于生物经济的范围界定各

有侧重，中国尚未制定国家层面生物经济发展战略，基于学术层面和政府层面关于生物经济内涵外延及重要作用的讨论，要进一步围绕“健康中国”“食安中国”“美丽中国”“平安中国”等国家重大战略部署，着力解决人类健康、粮食安全、生态文明、生物安全等可持续发展问题。新时代背景条件下，迫切需要结合生物技术愿景、生物资源愿景、生物生态愿景等多重目标，科学回答中国生物经济中长期发展愿景，这也就引申出在顶层设计层面制定生物经济发展战略的紧迫性和重要性，以此凝聚共识，汇聚新经济发展力量。

二、立足新框架、新方法推动生物经济理论和政策研究

关于生物经济的研究方法，目前大多偏重以归纳总结法为主，对于一些关键问题则没有回答清楚：一是虽然生物经济孕育阶段和成长阶段的划分标志较为清晰，但成熟阶段以何种生物科学重大突破或产业发展核心指标为标志尚不能做出较好的预测。二是对于生物经济的量化研究严重滞后，中国生物经济的规模和家底尚不清楚，未来随着生物技术与信息技术融合渗透、生物产业跨界融合的进一步加深，关于生物经济规模测算将更趋复杂。因而，未来中国生物经济研究需要在充分借鉴国外理论基础和实践经验的基础上，结合中国发展实际，按照理论分析与实证分析相结合、系统化和具体化分析相结合、长期分析与短期分析相结合、定量分析与定性分析相结合的方式，进一步探索适用性的研究框架和方法体系。

三、立足新思路、新举措谋划新时期中国生物经济创新发展

“十四五”乃至更长时期，中国生物经济要提出何种发展战略、战略愿景、战略定位、战略路径以及相关的配套措施仍然缺乏系统分析。其中的关键问题在于，目前关于生物经济发展战略的研究更多是原则性、概念性的，能否实现预期目标仍然存疑。作为《生物经济 2030：国家研究战略》重要组成部分，2012 年德国联邦政府发布了《生物炼制路线图》，给出了德国生物炼制发展现状、发展需求及行动领域。按照路线图计划，德国联邦政府将定期对德国生物炼制和生物经济发展情况进行调研，对各类支持政策措施的效果进行评估，这极大地促进了生物炼制产业的发展（王志强，2013）。对于中国生物经济的顶层设计，可以借鉴德国《生物炼制路线图》，细分产业领域制定兼具科学性和可操作性的发展路线图，切实促进国家生物经济发展。

第八章　生物经济发展的政策述评

内容提要：“十一五”以来，中国生物经济相关政策文件数量快速增长，呈现出越来越重视创新链产业链协同发展、促进产业质量品质提升、多元化发展需求、强化资源保护和加大改革力度等趋势特征。与世界主要国家生物经济政策体系相比，依然存在部分政策有漏缺、细化不够、跟不上、预期不稳、广泛征求社会意见不够等问题。随着生物经济创新迭代加速、中美科技脱钩风险增加和生物安全重要性提升，中国生物经济政策体系亟须加快转型，统筹处理好产业安全和产业发展、自主创新和跟随创新、产业发展和民生保基本、更好发挥政府作用和促进市场化改革四大关系。

随着21世纪生物革命带来一系列生物技术突破，生物经济对一国和地区经济社会发展的重要性愈发凸显。特别是新冠肺炎疫情暴发以来，世界各国不断强化对生物安全和生物治理的认识。政策文件是政府发展和治理生物经济的重要手段，回顾和比较研究中国生物经济相关政策，对于当前和未来一段时期中国研究制定生物经济政策具有重要参考价值。

第一节　中国生物经济相关政策回顾及反思

一、“十一五”以来中国生物经济相关政策基本情况

采用杭州费尔斯通科技有限公司（火石创造）自研爬虫平台，识别抓取了“十一五”以来（截至2019年）中国共出台的8000多份生物经济相关政策文件，并进一步梳理分析相关政策文件基本情况（图8-1）。

一是从数量来看，出台文件数量逐年增长。“十一五”期间，年均出台生物产业相关文件297.4份，“十二五”期间这一数据增长到554.2份，接近“十一五”期间的2倍，而2016～2019年，年均出台生物产业相关文件达到941.5份，也接近“十二五”期间的2倍（图8-2），综合性文件也从“十一五”期间的年均不足20份增长到2016～2019年的将近60份（图8-3）。地方出台数量也在逐

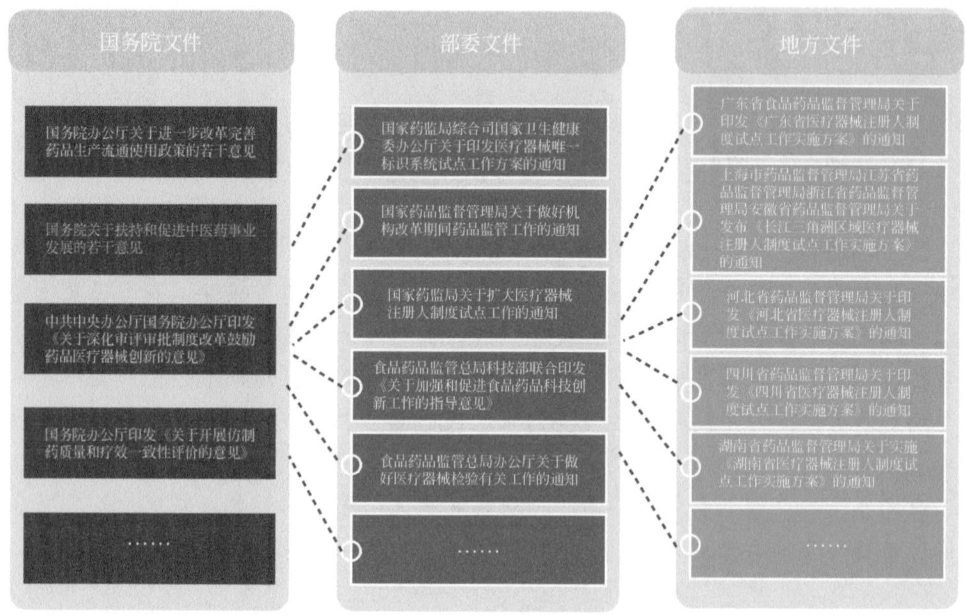

图 8-1　中国生物经济各级政策关系图谱示意图

年上升，“十一五”期间共出台 989 份文件，“十二五”期间出台 2024 份文件，2016～2019 年共出台 3049 份文件，占总文件数比例也在不断提升，从“十一五”期间的 66.5% 提升到 2016～2019 年的 81.0%。

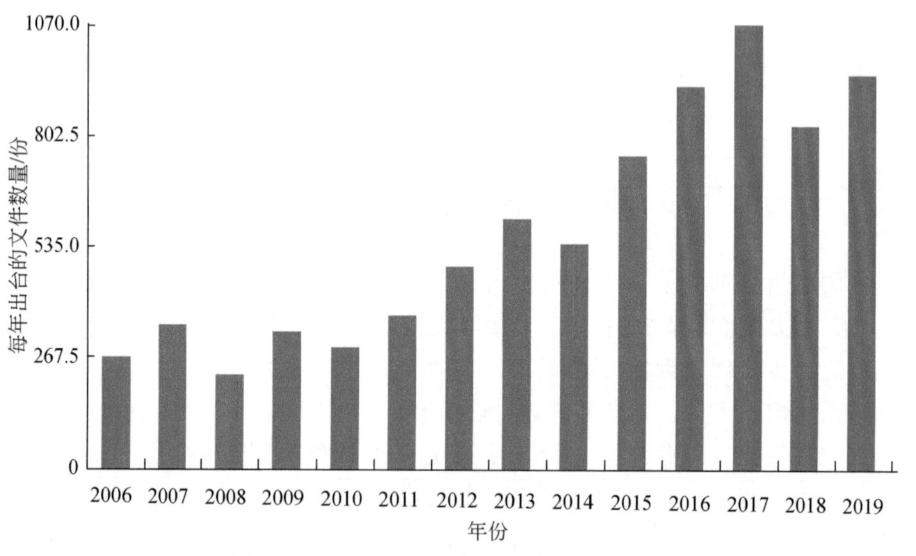

图 8-2　2006～2019 年每年出台的文件数量

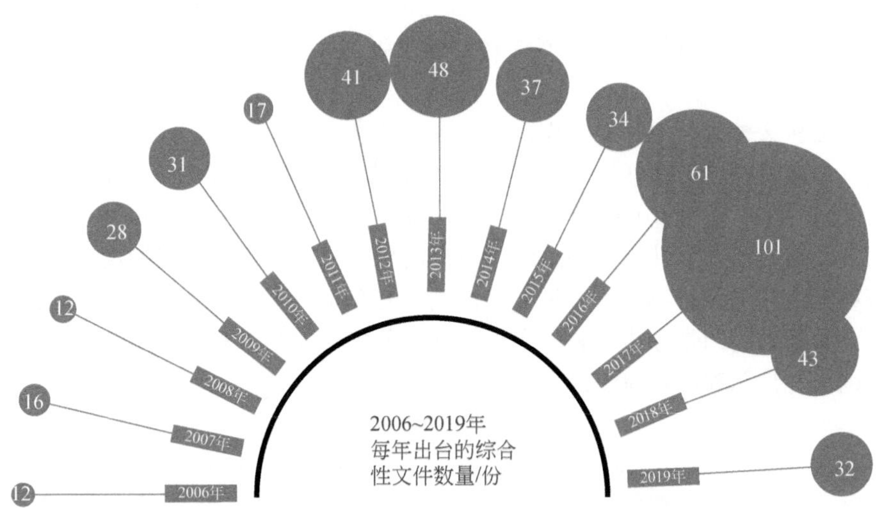

图 8-3　2006 ~ 2019 年每年出台的综合性文件数量

二是从领域看，生物服务文件数量超过一半。从出台文件的具体领域来看，生物服务、生物医药和生物医学工程等领域相关文件分量最大，生物能源、生物制造、生物农业等细分领域文件数相对较少（图 8-4）。2006 ~ 2019 年，生物服务相关文件数达到 3883 份，占全部文件的 48.4%，其次是生物医药，文件数达

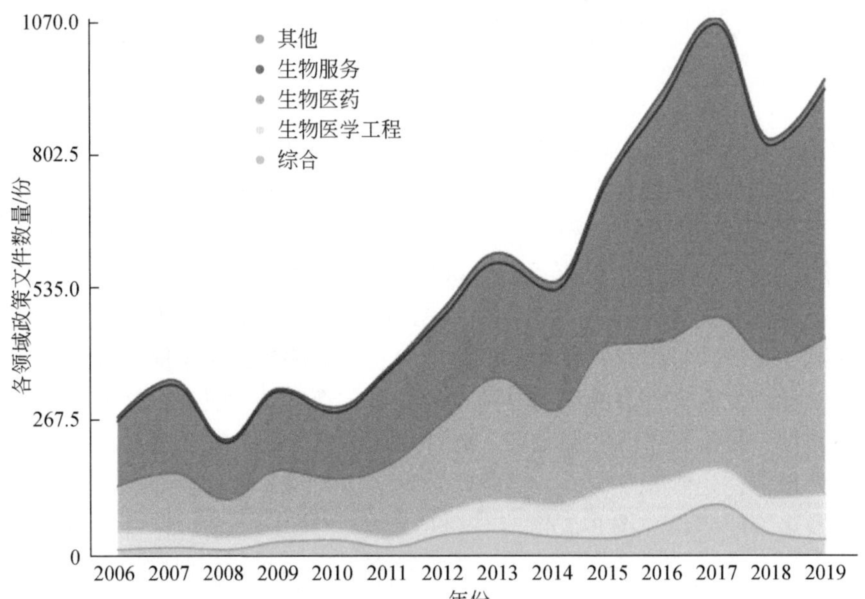

图 8-4　2006 ~ 2019 年生物经济专项规划文件分布

到 2723 份，占全部文件比例达到 33. 9%，生物服务和生物医药相关文件总和占比达到 80% 以上，紧随其后的是生物医学工程，文件数仅有 317 份，约占总文件数的 9. 1%。

三是从文种看，通知类文件占比较大。从文件类型来看，通知类文件占最大比例，其次是意见类文件，最后是办法类文件（图 8-5）。2006 ~ 2019 年，通知类文件数最多，达到 6169 份，占比将近 80%。这主要是因为通知类文件功能相对较多，包括印发文件、推进工作、目录清单、成立组织、完善制度、紧急通知等事项的通知。数量第二的意见类文件则仅有 814 份，占全部文件数比例为 10% 左右，紧随其后的是办法类和方案类文件，分别为 372 份和 257 份，规范、规定和细则等文件总和不足 300 份。

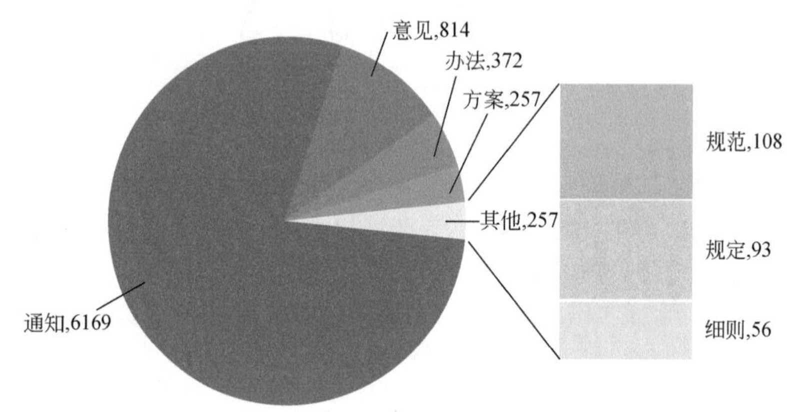

图 8-5　各类型文件分布

四是从部门看，国家市场监督管理总局、国家卫生健康委员会和国家中医药管理局是生物经济领域发文最多的前三个部门。国家卫生健康委员会发布文件数最多，其次是国家市场监督管理总局，最后是国家中医药管理局（图 8-6）。2006 ~ 2019 年，国家卫生健康委员会总共发布文件数达到 767 份，是国家发展和改革委员会发布文件数的 7. 7 倍，排名第二的是国家市场监督管理总局，发布文件数达到 548 份，是国家发展和改革委员会发布文件数的 5. 5 倍。低于国家发展和改革委员会发布文件数的部门有国家药品监督管理局、国家医疗保障局、工业和信息化部、科学技术部和民政部。此外，从多部门联合发文来看，两部门联合发文数量最多，达到 816 份；三部门联合发文达到 322 份，生物经济政策文件一般会涉及多部门协作（图 8-7）。

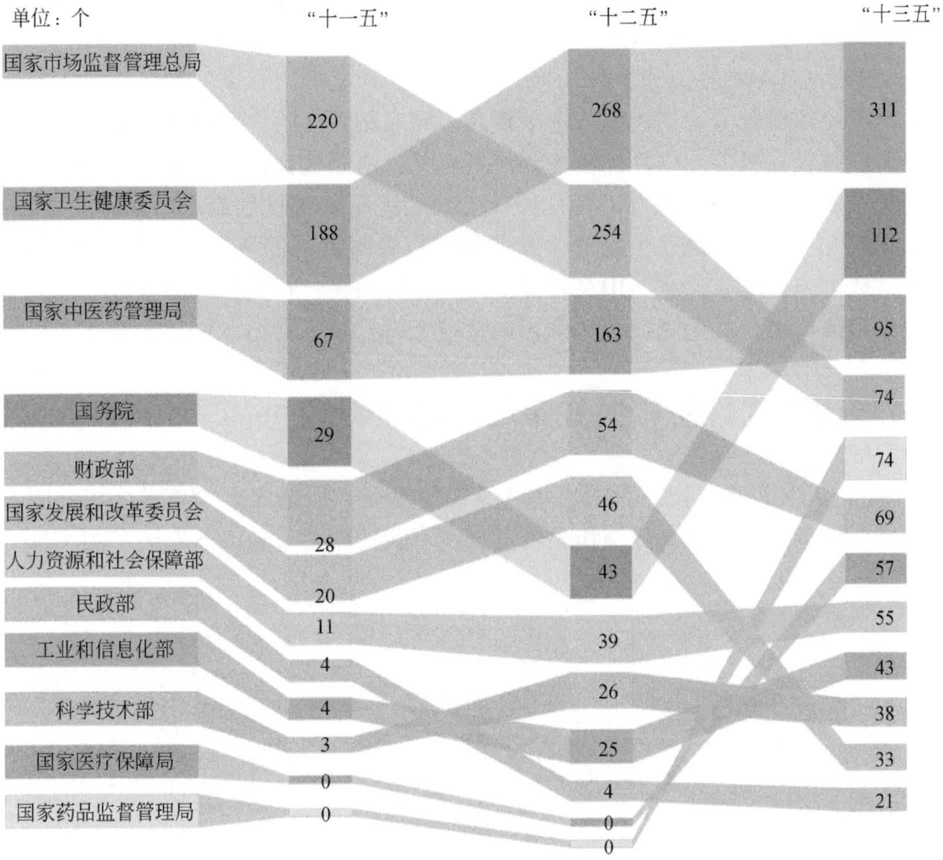

单位：个
“十一五”
“十二五”
“十三五”
国家市场监督管理总局
国家卫生健康委员会
国家中医药管理局
国务院
财政部
国家发展和改革委员会
人力资源和社会保障部
民政部
工业和信息化部
科学技术部
国家医疗保障局
国家药品监督管理局
220
188
67
29
28
20
11
4
4
3
0
0
268
254
163
54
46
43
39
26
25
4
0
0
311
112
95
74
74
69
57
55
43
38
33
21

图 8-6　各阶段主要部门发布文件数量分布

部门数量:2
816份
部门数量:3
322份
部门数量:4
155份
部门数量:5
100份
62份
36份
35份
25份
37份
部门数量:7
部门数量:8
部门数量:6
部门数量:9
部门数量:10个及以上

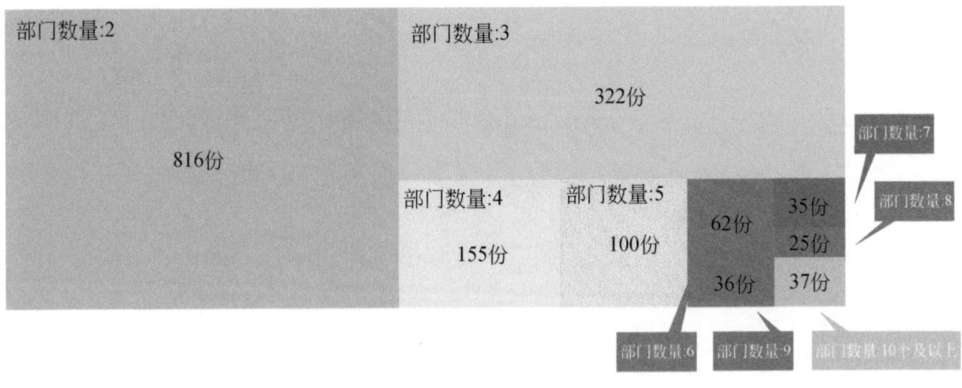

图 8-7　多部门联合发文数量

五是从区域来看，生物产业发展较为突出的地区出台文件数量相对较多。2006～2019 年，地方出台文件数量最多的前 4 名是北京（546 份）、福建（501 份）、内蒙古（448 份）和上海（442 份）。北京和上海出台文件数量多可能是因为生物产业规模较大，居民收入水平较高，与之相对应的生物服务需求较大。而福建文件数较多可能与医疗体制改革试点有关，内蒙古文件数较多则可能与该地区生物农业发展相关。地方出台文件较少的地区主要集中在新疆、西藏、宁夏、贵州和黑龙江，这些地区生物产业发展相对较为落后，经济发展水平相对较低。此外，地方出台的文件也与中央和部委出台文件相关，特别是部分地区产业发展与中央和部委出台的生物经济文件相关性较大时，地方会相应出台文件落实。

二、中国生物经济相关政策转型趋势特征

“十一五”以来，随着中国生物产业快速发展，为适应生物技术变革并完善生物经济政策体系，生物经济相关政策也在不断转型并呈现以下特征（图 8-8）。

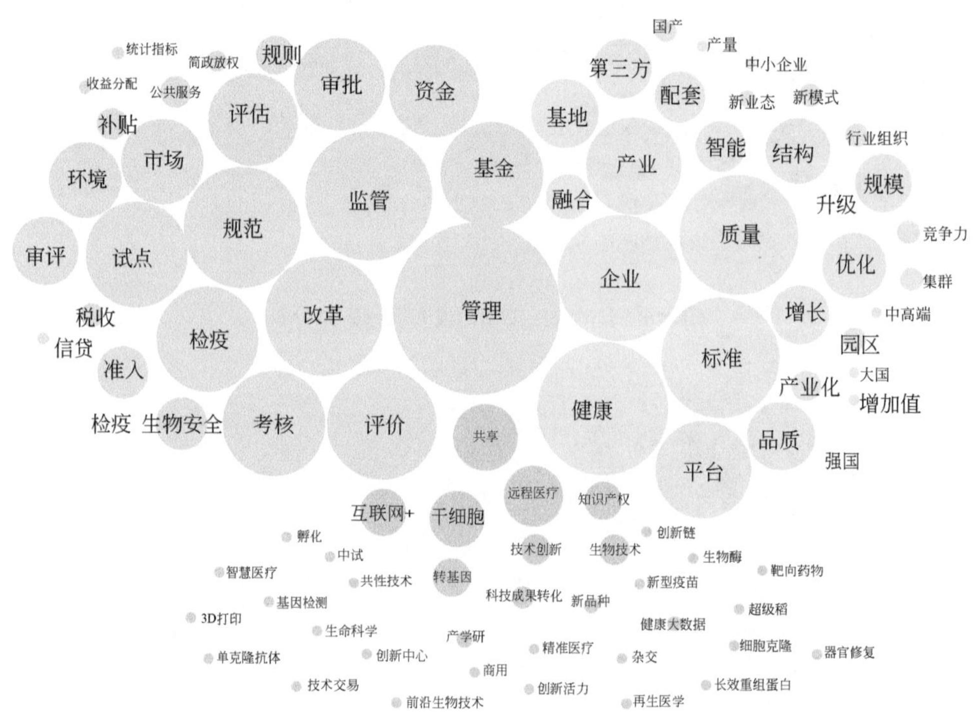

图 8-8　生物经济政策文本中技术、供给和治理等维度关键词云图

（一）政策从重视原始创新向重视创新链、产业链协同发展转变

2007 年出台的《生物产业发展“十一五”规划》（简称《“十一五”规划》）强调要推动企业特别是大企业建立研究开发机构，指出要加强生物科技创新条件平台建设，表明“十一五”期间生物产业技术创新的主要工作是促进政府和企业建立创新平台和载体。2012 年出台的《国务院关于印发生物产业发展规划的通知》（简称《“十二五”规划》）则要求通过完善新药研制基础支撑平台和共性技术平台，在“十一五”搭建创新平台体系主要框架的基础上弥补基础创新平台和共性技术平台的不足。2016 年出台的《“十三五”生物产业发展规划》（简称《“十三五”规划》）则在夯实创新基础平台的基础上加大篇幅要求建设和转化应用平台，强调创新链与产业链的协同发展，并且越发重视科技成果转移转化和知识产权保护。词频分析结果表明，关键词“科技成果转移转化”在“十一五”和“十二五”期间所有的综合性文件中出现次数均为0，而在“十三五”期间所有综合性文件中出现次数达到 166 次，有 11.43% 综合性文件出现了这一关键词；关键词“知识产权”在“十一五”期间所有综合性文件出现 26 次，到“十三五”期间这一数据提升到 88 次，出现该词的综合性文件占比也从 9.3% 提升到 15.05%。

（二）政策从满足基本需求向促进产业迈向中高端转变

以生物医药为例，《“十一五”规划》提出要“根据防治重大疾病和传染病的需要，重点发展新型疫苗、诊断试剂、创新药物和新型医疗器械。”《“十二五”规划》则是要“以满足不断增长的健康需求和增强产业竞争力为目标，组织实施生物技术药物发展等行动计划”。《“十三五”规划》对供给质量的目标更进一步，提出要“加速新药创制和产业化”，要“在肿瘤、重大传染性疾病、神经精神疾病、慢性病及罕见病等领域实现药物原始创新”，并强调要“瞄准全球生物产业发展制高点”。特别是“十三五”期间多份综合性文件对通过强化新模式新业态发展、强化产业融合提升供给质量做出了表述。词频分析结果表明，关键词“质量”在“十一五”所有综合性文件中仅出现 287 次，但在“十三五”中这一数据提升到 1013 次，出现该词的综合性文件占比也提升到 59.14%。关键词“新模式”和“新业态”在“十一五”所有综合性文件中出现的次数为 2 次和 0 次，“十二五”则分别为 7 次和 0 次，但到“十三五”则提升到 34 次和 41 次。关键词“融合”在“十一五”所有综合性文件中仅出现 1 次，但在“十三五”期间出现 160 次，特别是有 30.65% 的综合性文件提到了“融合”。

（三）政策文本对多元化需求重视加大

政策文本对“绿色”等关键词的重视程度在提升，反映了对“美丽中国”的发展需求在强化。“十一五”期间有 13.89% 的综合性文件提到“绿色”，“绿色”关键词出现次数仅有 19 次，而到“十三五”期间有 25.71% 的综合性文件提到“绿色”，接近“十一五”时期的 2 倍，词频次数达到 83 次，是“十一五”时期的 4 倍有余。生物农业类文件数目也在稳步提升，从“十一五”期间的年均 6.6 份文件提升到“十三五”期间的年均 14.8 份文件，表明对舌尖中国的发展需求在提升。此外，从拓展需求空间的方法来看，政策越来越注重采用应用示范等手段提升多元化的市场需求。“十一五”和“十二五”期间，关键词“应用示范”在所有综合性文件均未出现，但到“十三五”期间综合性文件首次提出“应用示范”，并且有 45 份文件提到“应用示范”。

（四）政策越来越重视对资源的保护

“十一五”时期，“资源保护”关键词在所有综合性文件出现 14 次，而在“十三五”时期则上升到 20 次。动物、细胞、基因、种子等是生物资源的重要组成部分，这些关键词在政策文件中的出现频率在提升。“十一五”期间，关键词“动物”“细胞”“基因”“种子”在所有文件中分别出现 167 次、566 次、147 次、7 次，但到“十三五”期间上升到 542 次、889 次、1126 次、47 次。特别是在《“十三五”规划》中首次提出要建立基因库和蛋白元件资源库，指出“建设生物资源样本库、生物信息数据库和生物资源信息一体化体系”“构建‘高通量、低成本、标准化’的生物样本和数据存储、管理、认证、基础应用体系”，“建设涵盖催化酶、功能蛋白质、结构蛋白等蛋白元件资源实物库，库存元件超 10 万以上”。

（五）政策越来越重视加大改革和发挥市场作用

在发展环境营造方面，政策文本越来越重视通过审评审批制度改革优化生物产业发展环境（表 8-1）。“十一五”时期出现“审评”“审批”关键词的综合性文件分别为 3 份和 15 份，占所有综合性文件比例为 8.33% 和 41.67%，“十三五”时期出现“审评”和“审批”关键词的综合性文件数分别上升到 25 份和 81 份，占所有综合性文件比例分别相应提升到 17.86% 和 57.86%。补贴是政府干预常用的手段之一，关键词“补贴”在文件中的重要性可以反映政策在治理方式上的转变。“十一五”期间有 25% 的综合性政策文件提到“补贴”，“十二五”期间这一数据下降到 16.44%，“十三五”期间这一数据更是下降到 12.14%，这表明政策逐渐减少了政府对生物产业发展的干预。发挥市场作用并不表明政府作用可以减弱，相反在生物安全等市场失灵领域，政府的作用在不断加强，表明中国生物经济治理能力在不断提升。政策文本对“生物安全”等关键词的重视在提升，“十一五”时期，“生物安全”关键词在所有综合性文件出现次数为 143 次，而在“十三五”时期则上升到 461 次，是“十一五”时期的 3 倍多。

表 8-1　“十一五”和“十三五”时期中国生物经济政策特点

领域维度	“十一五”	“十三五”
推动技术创新	重视原始创新，重在建创新平台载体	重视创新链、产业链协同发展，查漏补缺完善创新体系
提高供给质量	重点在于满足人民群众对生物经济的基本需求	促进产业迈向中高端
拓展需求空间	重视产业发展	在产业发展的基础上，强化对“美丽中国”“舌尖中国”等多元化需求
强化资源保障	资源保护文件相对较少	加大对生物资源的保护
完善治理体系	行政、经济干预手段相对较多	重视加大改革和发挥市场作用

三、对前期生物经济相关政策成效的基本判断

在生物经济相关政策影响和作用下，中国生物经济发展取得了一些成绩。

一是技术创新能力不断提升。新药申报数量持续增长，2016～2019 年共有约 720 个 1 类新药申报注册，24 个 1 类新药获批上市；酶、抗原抗体等核心原料方面逐步摆脱进口依赖。一体化 PET/MR、全自主检测模块流水线、第三代骨科机器人等一批高端大型医疗设备填补国内空白；生物可吸收支架、分支型主动脉覆膜支架及输送系统、植入式骶神经刺激器、全磁悬浮人工心脏等植入介入类高值耗材紧跟国际先进水平；生化诊断产品实现国产主导；全自动、高通量的化学发光免疫分析整机设备接近国际先进水平。

二是一批生物知名企业崭露头角。药明康德、华大基因、恒瑞医药等全球知名企业不断涌现，推动生物产品和服务质量与品质迈向新台阶，企业布局已由中小企业为主体转变为大企业、大集团占主导地位的格局，形成了一批跨地区、跨行业且具有较强竞争力的优势企业。

三是产业绿色发展趋势显现。“十三五”以来，生物医药行业清洁生产水平显著提升，绿色改造成绩显著，特别是化学原料药绿色生产水平明显提高，有多家医药企业和医药园区成为绿色工程和绿色园区。此外，部分企业主动联合科研

院所研究控污减排技术，努力提高清洁生产和污染治理水平，积极争取国际先进清洁生产认证。

四是生物资源保护水平逐步增强。近些年来，中国通过完善法律法规和政策体系，不断强化对保护区的建设和管理，持续推动重要生物物种及其遗传资源的迁地保护，加大对环境污染的整治力度，提升了对野生物种及其栖息地的保护力度，降低了产业发展对生物资源的破坏。

五是生物经济领域放管服改革不断深化。中国先后出台《关于深化审评审批制度改革鼓励药品医疗器械创新的意见》等一系列政策，并推动政策深入实施和落地，有力推动药品医疗器械审评机制完善，优化了对生物经济企业的监管，强化了政府公共服务能力，为生物经济健康发展创造了更加有利的条件和环境。

第二节　中国生物经济相关政策与国外的主要差距

中国生物经济政策体系不断完善，但与发达国家相比，在生物经济部分领域仍有待改进。

一、一些领域政策有缺位

与美国等发达国家相比，中国生物产业部分领域政策有漏缺，部分产业链环节存在政策缺位的问题。以细胞治疗为例（姜天娇和孙金海，2016；王晴晴等，2019），通过对中国细胞治疗监管相关文件的梳理可以看到（表 8-2），10 多年来中国药监部门频繁发布细胞治疗产品的指导文件，表现了其对该类产品的重视，希望通过出台技术指导文件规范和促进中国细胞治疗产品发展。然而，这些文件更多集中于非临床研究方面，对临床试验研究和商业化生产较少涉及，政策缺位和不明严重制约了中国细胞治疗产业化与临床应用，无法保障细胞治疗产品安全有序发展。反观美国，美国食品药品监督管理局对细胞治疗的监管比较全面（表 8-3），从非临床研究到临床研究都发布了相关的指导原则，其中既有对行业的指导原则，也有对美国食品药品监督管理局审评人员的指南。欧盟也通过《医药产品法》《医疗器械法》等文件对细胞治疗的临床前研究、临床研究、制造与销售等全产业链环节进行监管。

表 8-2　中国对细胞治疗的主要监管文件

出台部门	文件名称	颁布年份
药品评审中心	人体细胞治疗研究和制剂治疗控制技术指导原则	2003

续表

出台部门	文件名称	颁布年份
卫生部	涉及人的生物医学研究伦理审查办法（试行）	2007
卫生部	世界卫生组织人体细胞、组织和器官移植指导原则（草案）	2008
卫生部	医疗技术临床应用管理办法	2009
卫生部	卫生部办公厅关于公布首批允许临床应用的第三类医疗技术目录的通知	2009
国家卫生计生委	涉及人的生物医学研究伦理审查办法（征求意见稿）	2013
国家卫生计生委	关于取消第三类医疗技术临床应用准入审批有关工作的通知	2015
国家卫生计生委	涉及人的生物医学研究伦理审查办法	2016
药品评审中心	细胞制品研究与评价指导原则（征求意见稿）	2016
国家食品药品监督管理总局	细胞治疗产品研究与评价技术指导原则（试行）	2017
国家食品药品监督管理总局	生物制品批签发管理办法	2017
药品评审中心	非注册类临床试验用于药品注册审评的几点思考	2018
药品评审中心	细胞治疗产品申请临床试验药学研究和申报资料的考虑要点	2018
药品评审中心	当前对 CAR-T 类产品非临床研究与评价的一些考虑	2018
中国食品药品检定研究院	CAR-T 细胞治疗产品质量控制检测研究及非临床研究考虑要点	2018

表 8-3　美国食品药品监督管理局对细胞治疗产品的监管文件

年份	文件名称
1998	工业指南：人体细胞疗法和基因治疗指南
2006	工业指南：基于逆转录病毒载体的基因治疗产品和临床试验患者随访期间使用逆转录病毒载体测试复制感染性逆转录病毒的补充指南
2006	工业指南：基因治疗临床试验-观察延迟不良反应事件的受试者
2007	工业指南：人类细胞、组织、细胞和组织产品供体的合格率
2008	申请人和 FDA 审评人员指南：对人体细胞疗法临床试验申请中化学、制造和控制信息的内容和审查
2009	工业指南：同种异体胰岛细胞产品的考虑因素
2009	工业指南草案：用于治疗性蛋白质免疫原性测试的测定开发

续表

年份	文件名称
2010	工业指南：细胞疗法治疗心脏疾病
2011	工业指南：细胞和基因治疗产品的效力测试
2013	工业指南：研究性细胞和基因治疗产品的临床前评估
2015	工业指南：确定基因疗法、病毒疫苗和相关重组病毒或微生物产品的环境评估的内容和需求
2015	工业指南：设计细胞和基因治疗产品早期临床试验的考虑
2015	工业指南：病毒或细菌基因治疗和溶瘤产物脱落研究的设计和分析
2016	工业指南：基因治疗的微生物载体使用的建议
2017	工业指南：根据“公共卫生署法案”第 361 条和 21CFR 第 1271 条规定的人体细胞、组织、基于细胞和组织的产品的偏差报告

二、部分政策细化不够、落地难

以生物质能为例（苏世伟和宓春秀，2016；赵思语和耿利敏，2020），就提高生物质能源在交通领域使用规模而言，中国在 2012 年通过《生物质能发展“十二五”规划》，提出在交通领域扩大替代石油燃料的规模，但欧盟 2009 年通过法令形式，规定到 2020 年至少 10% 的生物燃料投入交通领域，政策细化明确了替代规模比例。就政策内容的明确性而言，国外是通过立法形式明确规定，而中国则是通过强制性较弱的发展规划公布，内容比较空泛且缺乏具体细则。就规划时间和可再生能源占一次能源的比例而言，中国 2007 年首次提出至 2020 年达到 15% 的目标；美国在 2002 年提出至 2020 年达到 25%、2050 年达到 50% 的目标，美国对可再生能源发展路径规划得更远更细。在财税政策方面，中国对生物质能源提出了一些较为原则性的税收减免和优惠措施，而发达国家直接以法律形式明确减税具体额度，更具有操作性（表 8-4）。

表 8-4 中国和主要发达国家对生物质能源政策内容比较

项目	主要发达国家	中国
法律法规	强制提出可量化的生物质能源的发展目标	主要针对所有可再生能源，较少针对生物质能源；具有高度概括性，缺乏实施细则
	加拿大法令强制要求 2010 年汽油中可再生能源掺混比例要达到 5%，2012 年在柴油中要达到 2%	提高能源利用效率，鼓励开发生物质燃料，发展能源作物，无具体强制性量化目标

续表

项目	主要发达国家	中国
发展规划	生物质能源消耗量占能源消耗总量比例目标较高；较早将生物质能源投入商业化领域	发展规划比较空泛，缺乏具体细则
财税政策	法律明确减税额度；化石燃料增加税收；生物质燃料减免税收或退税	对生物质能源原材料的生产部分增值税即征即退，消费税免除；生物质发电企业实行税收减免和投资抵免
补贴政策	电价补贴；对生物质原料生产的补贴；贷款担保和投资补贴	政府制定标杆电价；设立可再生能源发展专项资金；电价补贴；对生物质原料补贴，逐渐降低直至取消乙醇补贴

三、新技术领域政策跟不上

美国创新医疗器械审批数量远远高于中国（表 8-5），一方面是中国医疗器械创新滞后，另一方面也反映了中国监管审批政策跟不上产业发展步伐。相反美国对医疗器械的监管政策紧跟产业技术的发展，不断整合外部专业资源，以弥补监管部门内部对新技术的认识不足和相应监管手段的滞后，以保持与医疗器械技术创新步调的一致性。美国食品药品监督管理局不但组建了外部专家网（库）、咨询委员会，还实施第三方检测项目的自我认证、临床试验机构的认证及海外临床试验数据的认证等项目，与非企业性质的学术机构建立长期合作机制，促进监管科学的发展。此外，美国食品药品监督管理局还制定专项规划采用信息技术对海量数据进行开发，以此提升创新医疗器械的开发速度和改进监管措施。而中国在第三方检测认证、临床试验机构认证、海外临床试验数据认证、新技术利用等方面都尚未真正起步，导致中国医疗器械审批政策和工作跟不上产业发展，不利于医疗器械行业创新和快速产业化（刘清峰和莫国民，2018）。

表 8-5　中美创新医疗器械审批数量比较

国家	2009 年	2010 年	2011 年	2012 年	2013 年	2014 年	2015 年	2016 年	2017 年
中国	—	—	—	—	—	1	9	10	9
美国	24	28	55	61	49	67	80	91	95

四、新业态领域政策预期不稳

中国部分生物政策偶尔会出现紧急叫停的情况，给相关领域技术创新和产业发展带来不稳定的预期，不利于企业家长期对产业创新投入。例如，2014 年 2 月

9 日，国家食品药品监督管理总局与国家卫计委办公厅在官方网站上发布通知，紧急叫停基因测序相关产品和技术在临床医学上的使用。虽然此次叫停的基因检测仅仅针对无创产前基因检测和二代测序技术，并非所有检测领域“一刀切”式全面禁止，但政策紧急叫停也打乱了企业界连续性预期，给产业界带来了一些负面影响，引发生物产业其他领域的产业创新者对政策不确定性的担忧。与国外相比，中国政策预期不稳的原因主要是中国的政策文件大多都是政府部门的规范性文件，文件的签发部门可以随时修改甚至废除自己所颁布的文件，而美国等发达国家的相关政策基本都是以法律的形式出台，法律则必须经过立法部门严格的程序才能修改，所以发达国家的政策稳定性和连续性具有较大保障，企业对政策的预期较为稳定（张君，2019）。比如美国《食品药品法案修正案》就是国会颁布的法案，具有最高立法效力，政府行政部门必须贯彻实施，美国食品药品监督管理局在此框架下推出各种计划和制度予以落实，只要法案不变，美国食品药品监督管理局就必须持续执行创新行动要求。

五、政策广泛征求社会意见不够

当前，中国部分生物产业政策开始征求行业专家、企业等相关利益攸关者的意见，但征求的范围和深度还远远不够，不利于凝聚社会共识，可能会损害部分企业利益，不利于政策更好地推广和实施，充分发挥促进产业发展和保护消费者的作用。而发达国家就特别注重吸收企业、专家和更多公众的观点和意见。早在 2002 年，美国总统生命伦理学委员会就提出建立公开的评价机制，产业界和公众联手合作，寻求对超越治疗的生物技术应用的检测和管理途径。2009 年欧洲议会《人类增强》研究报告也指出要“配备和鼓励有关人类增强主题的社会交流对话”，促进更广泛的公众参与。2017 年发布的《人类基因组编辑：科学、伦理与治理》报告就呼吁公众应该参与到监管或决策的全部进程中。

第三节　新时期中国生物经济政策展望

一、新形势下中国生物经济政策转型的紧迫性和必要性

（一）生物经济创新迭代加速，对生物经济政策的制定效率、时效性和前瞻性提出挑战

随着生物技术和信息技术深度融合并加速向各领域渗透，带动人类社会生产

生活方式深刻变革，以生物技术为引领的生命健康产业正在成为继新一代人工智能之后，各国竞争的热点。生命科学逐渐成为继信息技术之后世界科学研究最为活跃的领域，过去10年间，全球生物和医学发表论文数量占自然科学论文总数近一半。近年来，生命健康领域干细胞、基因测序、基因编辑等技术研究取得了丰硕成果，各类新药开发进程加快，成本正在以超过摩尔定律的速度下降，现代生物技术逐渐走进千家万户，有望推动生命健康进入蓬勃发展期。特别是近期，美国创业公司宣布“神经连接”即将公布首个人机交互界面，该界面可将人脑和计算机连接起来。这些都标志着生物革命正在以前所未有的速度向我们走来，将深刻改变人类的经济生活。中国必须加快发展生物经济，特别是要加快制定与当前创新迭代加速的生物经济相适应的政策法规，把握生物革命带来的历史性机遇，有效应对生物革命对人类伦理等方面的重大挑战，为生物产业发展保驾护航，这将给中国生物经济政策的制定效率、时效性和前瞻性提出一系列挑战，要求中国生物经济政策的制定必须跟上生物技术快速迭代的规律，要求前瞻性地纳入对生命科学技术应用复杂伦理边界的考虑，要求提升中国生物经济政策制定者的效率、水平和质量。

（二）大国博弈加剧，要求政策加快发力促进生物经济国际国内双循环

当前及未来一段时期，世界正处于大发展、大变革大调整时期，“修昔底德陷阱”风险加大，大国战略博弈升级，部分发达国家高筑墙阻断全球供应链、创新链和严防技术外溢，同时中国对外技术合作已达上限，技术并购阻碍重重，进一步技术引进空间有限，对中国生物经济发展形成较大阻力。美国政府高度关注甚至采取手段干预生命科学领域资金、人才等创新要素的中美跨境合作，这可能将抑制海外投资并购、限制人才跨境流动、加强知识产权诉讼等，引起业内人士普遍担忧。例如，中国对美国生物技术领域的投资并购行为审查周期被延长至6~9个月，生命科学领域中美人才跨境流动涉及相关领域企业家、科学家甚至留学生等，这直接限制了生物经济相关活动的开展。在此背景下，中国生物经济开放发展的传统模式将受到严重抑制，这要求中国生物经济政策必须转型，以适应从国际大循环向以国内大循环为主体、国内国际双循环相互促进的新发展格局转型。

（三）新冠肺炎疫情全球暴发凸显生物安全重要性，对生物经济政策的目标转型提出要求

改革开放以来，中国生物经济发展偏重生物产业发展，生物经济政策制定主要以促进产业做大做强为第一考量目标。2019年冬以来，新冠肺炎疫情的全球

暴发对中国生物经济政策目标转型提出要求。这次疫情不仅是新中国创建以来发生的传播速度最快、感染范围最广、防控难度最甚的突发公共卫生事件，也是第二次世界大战结束后国际社会经历的最大危机。作为一种新发传染病，新冠肺炎疫情给全人类带来的恐惧、震撼和多米诺式的毁灭效应实为 1918～1919 年大流感以来所未见。它构成对每个国家治理体系、治理能力的极限挑战，更是对当今国际秩序的生死考验。认真研究和总结这场疫情的经验与教训，重塑中国与全球的公共卫生安全，是今后乃至很长一段时期全球卫生和国际政治领域的重大议题（徐彤武，2020）。与此同时，国际生物安全形势深刻变化，要求生物经济政策防范国外生物威胁（王小理和周冬生，2019）；生物革命带来多种颠覆性前沿技术集中创新和应用，要求生物经济政策防范颠覆性技术带来的不确定性威胁；中国为加快生物产业发展，大力推动国际生物合作，但也引发来一些潜在的生物安全风险。因此，中国生物经济政策的目标亟须转型，需要从偏重产业发展向注重生物安全和产业发展的双目标制转型。

二、完善中国生物经济政策的瓶颈制约和主要难点

面向未来，结合当前中国生物经济发展的阶段和面临的形势，迫切要求中国寻求四个方面的平衡点，这给中国完善生物经济政策体系带来了制约和困难。

一是寻求产业安全和产业发展的平衡点。在单目标制或偏单目标制下，政策容易集聚各方资源、达成社会共识，但在目标多元化时，政策就很难在产业安全和产业发展中找到有效平衡点，特别是生物技术革命给未来的产业安全和产业发展都来了极大不确定性，政策不合理偏向都可能在未来极大的不确定性中放大，导致差之毫厘、谬以千里。这就要求政策制定和实施前搜集足够多的信息，提升对生物技术革命带来多种影响的研判能力，不断提升政策的前瞻性和有效性。

二是寻求跟随创新和自主创新的平衡点。当前，中国生物产业体系门类齐全，涉及多个细分行业和领域，部分细分行业和企业处于自主创新、无人区的发展阶段，亟须知识产权保护、强化基础研究等政策支持，但部分行业和企业仍处于跟随的发展阶段，需要政策强化对国际技术合作和加大已有技术转化等方面支持。此外，中国区域发展的不平衡问题也较为突出，东部沿海地区部分区域处于自主创新阶段，但中西部地区仍处于跟随创新、依赖要素资源驱动的发展阶段。这就需要中国生物经济政策在跟随创新和自主创新中找到有效平衡点，分类施策提升政策的精准性，这对生物经济政策治理带来较大难度。

三是寻求产业发展和民生保基本的平衡点。与电子信息等其他产业不同，生物医药、医疗器械等生物产业与居民基本医疗需求紧密相关，具有一定的消费刚

性。在短期，生物医药、医疗器械、医疗服务等产业的规模和医疗支出是一枚硬币的两面，做大生物医药、医疗器械、医疗服务等产业的规模，在一定程度上会带来居民医疗支出的大幅增加，给居民带来较大医疗负担，同时给中国医疗保障财政资金带来较大影响。因此，生物经济政策在做大做强产业的同时，也需要考量做大产业对民生保基本的影响。这就需要生物经济政策找准产业发展和民生保基本的平衡点，在产业发展中平衡生物经济工作者和医疗消费者之间的利益。

四是寻求更好发挥政府作用和促进市场化改革的平衡点。当前，政府主导的生物产业服务模式的短板凸显，保基本的政府公共服务，越来越难以跟上具有技术更迭较快、创新周期较短等特点的生物产业，部分发达国家面对这一情况采取了服务外包给市场的做法，中国也在此方面做出了一些尝试，未来政策仍需在政府和市场之间进行选择，最大化发挥政府和市场的比较优势。此外，技术创新对生物经济的发展尤为重要，当前政府主导的科研评价体系和市场主导的以产业化为导向的评价体系存在割裂，同时也带来了部分领域科研和产业化的割裂，科研成果无法有效转化为产业发展成果。这就需要政策改革现有的科研体系，统筹政府和市场两种资源，既需要更好发挥政府作用、弥补政府缺位，也更需要加快市场化改革、减少政府越位，这将给政策治理带来较大难度。

三、未来 5 ~ 15 年的主要政策着力点

面向 2035 年的国家生物经济发展，生物经济政策要适应生物技术变革带来的生物领域创新迭代加快，适应新的国际形势和新的产业技术形势下生物安全要求，加快完善有利于促进生物技术创新和产业化发展、更好保障国家生物安全的生物经济政策体系。

一是加快创新环境培育，提升企业自主创新的内生动力。维护产业公平竞争欢快，加强对创新型中小企业支持力度。通过制度松绑和放开准入，吸引创新创业人才进入具有市场前景的生物经济新兴领域，鼓励风险资本、人才等创新资源向生物经济领域聚集。顺畅科技成果转移转换机制，打通研发成果转化的最后一公里。加强知识产权保护，调动企业自主创新的积极性。

二是积极融入和主导国际规则和标准建设，以两个市场两种资源推动生物产业持续升级。政策要聚焦牵头成立生物经济新技术新业态的国际性监管机构，推动构建国际标准以及打造国际化技术交流平台。建立有利于企业走出去的政策体系，重视并利用信息资源，加快建立和完善进出口的预警机制，为“走出去”的企业提供信息咨询服务，促进企业国外投资和并购，强化对国际资源的集聚和使用。

三是大力试用推广先行先试政策，处理好产业发展和生物安全的关系。当前，生物经济需求多元化，生物产业个性化、高端化、品质化需求不断快速提升，要求打破传统产品和服务格局，不断发展新技术新业态新模式。但面对中国区域生物经济发展的不平衡问题，面对生物技术变革给产业发展和产业安全带来的极大不确定性，鼓励和支持地方根据自身发展需要先行先试，增加区域试点政策的差异性，不断总结和评估地方试点工作，容忍部分地区部分试点失败政策，积极推广应用好的政策经验，通过不断地试错改错，探索有利于发展生物产业和维护生物安全的政策体系。

四是制定并实施一系列红线政策，筑牢生物安全和生物资源保护底线。2019年底暴发的新冠肺炎疫情，给中国乃至整个人类社会敲响了生物安全和生物资源保护的警钟。推动生物经济发展，必须将保障人民生命健康作为根本目的，将保护生物资源、促进生物技术健康发展、防范生物威胁作为主要任务，加快制定和审议生物安全法，在生物多样性、生态保护、野生动植物保护、粮食安全与食品安全、动植物检验检疫等领域实施一系列红线政策，为生物经济政策体系筑牢底层保护政策。

五是培育市场化行业中介组织，强化对政府治理体系的支撑。加快生物经济领域行业协会和中介组织的市场化改革，充分发挥这些组织和协会的平台作用，向行业协会和中介组织让渡部分可市场化运行的监管和服务等准政府职能，推动行业标准、征信等建设，促进行业自律，以委托外包竞争性服务的方式提高政府对生物经济的公共服务能力，解决政府行业治理能力跟不上生物经济创新迭代加速的问题。推动行业组织、企业、政府等多部门多机构多主体数据共享，整合相关资源，加快生物经济领域相关统计指标体系建设。

参考文献

奥利弗 R W. 2003. 即将到来的生物科技时代——全面揭示生物物质时代的新经济法则．曹国维译．北京：中国人民大学出版社，北京大学出版社．

蔡天智，苏畅．2019. 2018 年我国医疗器械对外贸易状况与趋势分析．中国医学装备，16（7）：171-174.

曹小华．2005-05-17. 关于生物经济产业发展路径的建议．光明日报．

陈方，丁陈君，陈云伟，等．2018. 工业生物技术领域国际发展态势及我国发展前景展望．世界科技研究与发展，40（2）：24-39.

陈凯先．2019. 生物医药创新前沿与我国生物医药的发展．世界科学，（7）：36-38.

陈庆修．2000-10-24. 人类走向生物经济时代．光明日报．

陈永法，王毓丰，伍琳．2018. 日本创新药物审批管理政策及其实施效果研究．中国医药工业杂志，49（6）：839-846.

陈竺．2004. 中国公共卫生的现状与未来．管理评论，（2）：3-6.

楚宗岭，曾海燕，邓心安．2013. 国际生物经济战略透视．中国生物工程杂志，33（2）：111-116.

邓心安．2002. 生物经济时代与新型农业体系．中国科技论坛，（2）：16-20.

邓心安．2018a. 生物经济：挑战与对策．科技中国，（10）：58-61.

邓心安．2018b. 生物经济与农业绿色转型．北京：人民日报出版社．

邓心安，王晓鹤．2012. 澳大利亚生物经济发展框架及其比较启示．中国生物工程杂志，32（5）：129-133.

邓心安，楚宗岭，程子昂．2013a. 美国生物经济政策及其比较性建议．资源科学，（11）：2188-2193.

邓心安，王世杰，姚庆筱．2013b. 生物经济与农业未来．北京：商务印书馆．

邓心安，郭源，高璐．2018. 生物经济的概念缘起与领域演进．全球科技经济瞭望，33（2）：50-55.

邓心安，李嵘，郭源．2019. 生物经济对可持续发展的影响．科技促进发展，15（9）：75-80.

丁陈君，陈方，郑颖，等．2019. 生物科技领域国际发展趋势与启示建议．世界科技研究与发展，41（1）：53-62.

丁认全，丁晨．2018. 中国生物产业及生物产业集群发展研究．昆明：云南科技出版社．

杜晓伟，周泽宇，胡从九，等．2019. 以新发展理念为统领加强种子质量标准体系建设．中国种业，（4）：1-5.

高凤娟，丁礼祥．2010. 崛起的中国生物产业．沈阳：辽宁科学技术出版社．

高振，段珺，黄英明，等．2019. 中国生物制造产业与科技现状及对策建议．科学管理研究，37（5）：70-77.

国家发展改革委产业经济与技术经济研究所课题组．2019. “十四五”时期培育新支柱产业的思路及建议．

国家发展和改革委员会创新和高技术发展司，中国生物工程学会．2019. 中国生物产业发展报告 2018. 北京：化学工业出版社 .
国家发展和改革委员会创新和高技术发展司，中国生物工程学会 . 2020. 中国生物产业发展报告 2019. 北京：化学工业出版社 .
国家发展和改革委员会高技术产业司，中国生物工程学会 . 2018. 中国生物产业发展报告 2017. 北京：化学工业出版社 .
胡志毅 . 2013-12-19. 湖北转基因大米“非法”入市事件：相关检测无标可依 . 时代周报 .
江东洲，万建民 . 2019-03-14. 加强农业生物技术研发 . 科技日报 .
姜江 . 2020. 生物经济发展新趋势及我国应对之策 . 经济纵横，(3)：87-93.
姜天娇，孙金海 . 2016. 国外干细胞产品监管现状及对我国的启示 . 中国社会医学杂志，33（2)：117-120.
金振蓉 . 2006-09-25. 生物经济呈现十大发展趋势 . 光明日报 .
科技部社会发展司，中国生物技术发展中心 . 2017. 2017 中国生命科学与生物技术发展报告 . 北京：科学出版社 .
科学技术部社会发展科技司，中国生物技术发展中心 . 2019. 2019 中国生命科学与生物技术发展报告 . 北京：科学出版社 .
赖晓敏，张俊飚，张蕙杰，等 . 2019. 中国种业科技“走出去”的现状分析与对策思考 . 中国工程科学，21（4)：53-59.
李嘉，马兰青 . 2012. 生物经济引论——一种新型的经济形态初探 . 北京：中国农业出版社 .
李涛，张朝辉，郭雅雯，等 . 2019. 国内外微生物肥料研究进展及展望 . 江苏农业科学，47（10)：37-41.
李维安 . 2005. 生物经济带来的历史发展机遇 . 南开管理评论，8（2)：1.
里夫金 J. 2000. 生物技术世纪——用基因重塑世界 . 付立杰，等，译 . 上海：上海科技教育出版社 .
厉无畏 . 2010. 大力发展生物经济 . 中国产业，(5)：30.
刘杰，任小波，姚远，等 . 2016. 我国生物安全问题的现状分析及对策 . 中国科学院院刊，31（4)：387-393.
刘清峰，莫国民 . 2018. 中美创新医疗器械审批进展、差距及建议 . 上海医药，39（13)：58-61.
刘熙东 . 2017. 生物农业主要产业专利分析报告 . 农业网络信息，(8)：110-114.
吕小明，李军民，罗凯世，等 . 2019. 利用社会资本加快国家种质资源开发利用可行性分析 . 中国种业，(9)：1-2.
潘爱华 . 2003. DNA 双螺旋将把人类带入生物学世纪 . 北京大学学报（自然科学版），(6)：764-769.
潘爱华 . 2020. 生物经济理论与实践 . 北京：科学出版社 .
余鲁林，温再兴 . 2019. 中国制药工业发展报告 2019. 北京：社会科学文献出版社 .
苏世伟，宓春秀 . 2016. 中外生物质能源政策差异性分析 . 中外能源，(11)：14-20.
苏文娜，徐珊 . 2020. 我国医疗器械产业基础能力分析与建议 . 26（3)：37-39.
谭天伟 . 2019. 生物产业发展重大行动计划研究 . 北京：科学出版社 .

王昌林，韩祺 . 2017. 生物产业：将生物经济加速打造成重要的新经济形态 . 中国战略新兴产业，(1)：39-40.
王飞 . 2019. 美国生物医药产业创新的升级规律及启示 . 南京社会科学，(8)：34-40.
王宏广 . 2003-11-03. 试论“生物经济”. 科技日报 .
王宏广 . 2005. 发展生物技术引领生物经济 . 北京：中国医药科技出版社 .
王宏广，朱姝，尹志欣，等 . 2018. 国际生物经济发展的趋势与特征 . 中国科技论坛，(5)：158-164.
王宏广，张俊祥，朱姝，等 . 2020-04-30. “疫后经济”如何抢滩生物经济主战场 . 瞭望智库 .
王敬华，赵清华 . 2015. 德国生物经济战略及实施进展 . 全球科技经济瞭望，(2)：7-11，40.
王敏 . 2009-07-04. 生物经济：抵御金融危机新利器 . 中国经济导报 .
王晴晴，王冲，黄志红 . 2019. 中国、美国和欧盟的细胞治疗监管政策浅析 . 中国新药杂志，28（11）：21-26.
王小理，周冬生 . 2019-12-20. 面向 2035 年的国际生物安全形势 . 学习时报 .
王以燕，袁善奎，苏天运，等 . 2019. 我国生物源农药的登记和发展现状 . 农药市场信息，(9)：33-36.
王志强 . 2013. 德国发布《生物炼制路线图》大力推进生物经济发展 . 全球科技经济瞭望，(2)：1-9.
肖显静 . 2016. 转基因技术的伦理分析——基于生物完整性的视角 . 中国社会科学，(6)：66-86，205-206.
辛向阳 . 2005-04-12. 中国发展生物经济的九项对策 . 光明日报 .
徐彤武 . 2020. 新冠肺炎疫情：重塑全球公共卫生安全 . 国际政治研究，41（3）：230-256，260.
徐晓勇，雷冬梅 . 2012. 国际生物经济发展政策及对我国的启示 . 科技进步与对策，(5)：119-122.
严汉平 . 2005-04-12. 生物经济：我国跨越式发展的突破口 . 光明日报 .
杨波，刘宏丽 . 2005. 迎接生物经济的世纪挑战 . 社会科学管理与评论，(3)：92-96.
于洪良 . 2006. 生物经济：21 世纪人类生存与可持续发展的现实选择 . 价格月刊，(2)：3-4.
于修成 . 2009. 生物技术与生命伦理 . 中国医药生物技术，4（5）：387-389.
曾海燕，邓心安 . 2014. 欧盟生物经济政策过程与特点及相关讨论 . 中国生物工程杂志，34（10）：108-113.
张杰 . 2020-05-21. 中美战略竞争的新趋势、新格局与新型“竞合”关系 . 澎湃新闻 .
张君 . 2019. 人类基因增强技术的政策规制 . 中国科技论坛，(1)：9-11.
张晓强 . 2005. 实施生物经济强国战略 促进经济社会全面协调可持续发展 . 宏观经济管理，(5)：6-8.
张元钊 . 2017. 台湾地区生物经济发展战略比较及启示——基于政策视角 . 亚太经济，(2)：166-172.
赵思语，耿利敏 . 2020. 中国与瑞典林业生物质能源产业政策对比分析 . 世界林业研究，33（2）：92-96.

郑鹭飞 . 2016. 我国农业投入品标准体系的现状与问题分析 . 农产品质量与安全，(6)：24-27.

“中国工程科技 2035 发展战略研究”项目组 . 2019a. 中国工程科技 2035 发展战略 · 技术预见报告 . 北京：科学出版社 .

“中国工程科技 2035 发展战略研究”项目组 . 2019b. 中国工程科技 2035 发展战略 · 医药卫生领域报告 . 北京：科学出版社 .

“中国工程科技 2035 发展战略研究”项目组 . 2019c. 中国工程科技 2035 发展战略 · 综合报告 . 北京：科学出版社 .

中国环境保护产业协会 . 2018. 中国环境保护产业发展报告之 2017 年水污染治理行业——涉水上市企业发展情况 . 北京：中国环境保护产业协会 .

中国科学院创新发展研究中心，中国生命健康技术预见研究组 . 2020. 中国生命健康 2035 技术预见 . 北京：科学出版社 .

周肇光 . 2015. 中国经济未来发展趋势——基于生物经济研究文献的分析 . 管理学刊，28（5）：1-6.

Bardi U. 2009. Peak oil：The four stages of a new idea. Energy，34（3）：323-326.

Birner R. 2018. Bioeconomy Concepts //Lewandowski I. Bioeconomy：Shaping the Transition to A Sustainable，Biobased Economy. Cham：Springer International Publishing.

Bos H L，Meesters K P H，Conijn S G，et al. 2016. Comparing biobased products from oil crops versus sugar crops with regard to non-renewable energy use，GHG emissions and land use. Industrial Crops & Products，84：366-374.

Enriquez J. 1998. Genomics and the world's economy. Science，281（5379）：925-926.

Grand View Research. 2017. Biotechnology market analysis by application（Health，Food & Agriculture，Natural Resources & Environment，Industrial Processing Bioinformatics），By Technology，and Segment Forecasts，2018-2025. San Francisco，CA：Grand View Research.

Heijman W. 2016. How big is the bio-business? Notes on measuring the size of the Dutch bioeconomy. NJAS-Wageningen Journal of Life Sciences，77：5-8.

Kuosmanen T，Kuosmanen N，El-Meligi A，et al. 2020. How Big is the Bioeconomy? Reflections from an Economic Perspective. Luxembourg：Publications Office of the European Union.

OECD（Organization for Economic Co-operation and Development）. 2006. The Bioeconomy to 2030：Designing A Policy Agenda. Paris：OECD.

附录　关于生物经济相关政策文件库的说明

本章生物经济相关政策文件库采用杭州费尔斯通科技有限公司（火石创造）自研爬虫平台，对国务院以及国家卫生健康委员会、国家医疗保障局、工业和信息化部、国家发展和改革委员会、科学技术部、国家市场监督管理总局、国家药品监督管理局、人力资源和社会保障部等部委官网及全国31个省（直辖市、自治区）250余个生物经济相关的省级部门官网进行爬取，并对爬取数据进行清洗和结构化处理，识别出符合本章研究使用的政策类数据。在此基础上，为优化和分析数据，进一步做了以下处理。

数据筛选。一是剔除了重复文件。二是通过特征识别，剔除与产业政策无关文件。特征词包括但不限于：职称评定、表彰表扬批评处罚、调研、培训班、评选、有限公司、举办、召开、会议、认可、征集、考核、项目审批、注销、同意、考试、经费、继续医学教育、信息公布类、组成、组织开展、收回、发放、发回、推荐、捐赠、慈善、应急、困难、排污、环保、工业等。三是剔除无关文种：过程性文件（如征求意见）、会议函、复函、通告、批复、通报。四是剔除解读类文件。五是剔除办会和人事任免等文件。

文件分类。通过特征识别和人工校验相结合方式，对政策库文件进行分类，划分为综合性文件和生物医药、生物医学工程、生物服务、生物农业、生物制造、生物能源六个细分领域文件，具体关键词参见附表1。

附表1　中国和主要发达国家对生物质能源政策内容比较

文件类型	关键词
综合性	生物经济、生物技术、生命科学、生物实验室、生物安全、生物多样性、生物资源、遗传资源、生物产业基地、生物信息、生物数据
生物医药	医药、药品、中药、化学药（化药）、中成药、药物、仿制药、短缺药、生物药、疫苗、生物制品、细胞
生物医学工程	生物医学工程、医疗器械、植（介）入产品、影像、耗材、设备
生物服务	生物技术服务、CRO（合同研发）、CMO（合同生产）、（技术）服务、三方临检、医学、医疗、中医、临床、健康、康养、诊疗、治疗、诊断、基因、医疗保险、疾病（防治）（救治）、医疗联合体

续表

文件类型	关键词
生物农业	生物农业、兽药、农业良种、育种（新品种培育）、转基因、生物饲料
生物制造	生物制造（工业生物）、合成生物、发酵工业
生物能源	生物能源、生物质能

通过以上处理总共得到 2005～2019 年生物经济相关政策文件 8024 份，附表 2 列出了 2019 年代表性文件。

附表 2　2019 年部分代表性文件列表

发布日期	文件名称	类别	部门类型	发布部门
2019 年 1 月	农业农村部办公厅关于印发 2019 年农业转基因生物监管工作方案的通知	生物农业	部委	农业农村部办公厅
2019 年 1 月	关于进一步加强公立医疗机构基本药物配备使用管理的通知	生物医药	部委	国家卫生健康委员会国家中医药管理局
2019 年 1 月	国家卫生健康委办公厅关于做好国家组织药品集中采购中选药品临床配备使用工作的通知	生物医药	部委	国家卫生健康委员会办公厅
2019 年 1 月	农业农村部办公厅关于组织转基因生物新品种培育重大专项 2020 年度课题申报的通知	生物农业	部委	农业农村部办公厅
2019 年 2 月	青海省人民政府办公厅关于青海省促进“互联网+医疗健康”发展的实施意见	生物服务	地方省市	青海省人民政府办公厅
2019 年 2 月	国家医疗保障局关于做好 2019 年医疗保障基金监管工作的通知	生物服务	部委	国家医疗保障局
2019 年 2 月	关于国家组织药品集中采购和使用试点医保配套措施的意见	生物医药	部委	国家医疗保障局
2019 年 3 月	关于加强实验动物生物安全管理工作的通知	生物农业	地方省市	湖南省科学技术厅
2019 年 3 月	农业农村部办公厅关于新兽用生物制品临床试验变更等有关工作的通知	生物农业	部委	农业农村部办公厅
2019 年 3 月	浙江省卫生健康委关于印发加快卫生健康科技创新推进成果转化平台国家改革试点实施方案的通知	综合	地方省市	浙江省卫生健康委员会
2019 年 3 月	广东省人民政府办公厅关于加快推进深化医药卫生体制改革政策落实的通知	综合	地方省市	广东省人民政府办公厅

续表

发布日期	文件名称	类别	部门类型	发布部门
2019 年 3 月	农业农村部办公厅关于印发《兽药注册现场核查工作规范》的通知	生物农业	部委	农业农村部办公厅
2019 年 3 月	关于加快推进“互联网+医疗健康”便民惠民行动的通知	生物服务	地方省市	辽宁省卫生健康委员会办公室
2019 年 3 月	天津市人民政府办公厅关于印发天津市落实国家组织药品集中采购和使用试点工作实施方案的通知	生物医药	地方省市	天津市人民政府办公厅
2019 年 3 月	农业农村部关于印发《2019 年兽药质量监督抽检和风险监测计划》的通知	生物农业	部委	农业农村部
2019 年 3 月	关于进一步做好公立医疗卫生机构短缺药品信息直报工作的通知	生物医药	地方省市	辽宁省卫生健康委员会办公室
2019 年 3 月	农业农村部关于印发《2019 年国家产地水产品兽药残留监控计划》《2019 年海水贝类产品卫生监测和生产区域划型计划》《2019 年水产养殖用兽药及其它投入品安全隐患排查计划》的通知	生物农业	部委	农业农村部
2019 年 3 月	农业农村部办公厅关于做好取消新兽药临床试验审批等 2 项行政许可事项后续有关工作的通知	生物农业	部委	农业农村部办公厅
2019 年 3 月	河南省人民政府关于加快建设国家生物育种产业创新中心的若干意见	生物农业	地方省市	河南省人民政府
2019 年 3 月	关于印发《河北省中医药健康养老基地建设实施方案》的通知	生物服务	地方省市	河北省卫生健康委员会 河北省民政厅 河北省中医药管理局
2019 年 4 月	农业农村部关于印发《2019 年动物及动物产品兽药残留监控计划》的通知	生物农业	部委	农业农村部
2019 年 4 月	农业农村部办公厅关于切实加强重大动物疫病强制免疫疫苗监管工作的通知	生物农业	部委	农业农村部办公厅
2019 年 4 月	关于对生命科学领域省级学科重点实验室管理与运行绩效进行评估的通知	综合	地方省市	河北省科学技术厅
2019 年 4 月	农业农村部办公厅关于开展 2019 年全国高级别动物病原微生物实验室生物安全专项检查工作的通知	生物农业	部委	农业农村部办公厅

续表

发布日期	文件名称	类别	部门类型	发布部门
2019年4月	吉林省人民政府办公厅关于印发吉林省深化医药卫生体制改革2019年重点工作任务的通知	综合	地方省市	吉林省人民政府办公厅
2019年4月	山东省人民政府办公厅关于改革完善医疗卫生行业综合监管制度的通知	生物服务	地方省市	山东省人民政府办公厅
2019年4月	关于生命科学领域省级重点实验室绩效评估工作补充事项的通知	综合	地方省市	河北省科学技术厅
2019年4月	河北省卫生健康委办公室关于印发河北省卫生健康系统地方病防治专项攻坚行动实施方案的通知	综合	地方省市	河北省卫生健康委员会办公室
2019年4月	关于印发辽宁省2019年改善医疗服务行动重点工作任务的通知	生物服务	地方省市	辽宁省卫生健康委员会办公室
2019年4月	关于发布2019年度山东省农业良种工程申报指南的通知	生物农业	地方省市	山东省科技厅
2019年4月	天津市卫生健康委员会关于印发贯彻落实京津冀医疗卫生协同发展实施方案（2019－2022）的通知	生物服务	地方省市	天津市卫生健康委员会
2019年4月	四川省卫生健康委员会 四川省中医药管理局关于进一步做好互联网医院和互联网诊疗相关工作的通知	生物服务	地方省市	四川省卫生健康委员会、四川省中医药管理局
2019年4月	吉林省药品监督管理局关于开展医疗器械生产企业生产质量管理体系自查工作的通知	生物医学工程	地方省市	吉林省药品监督管理局
2019年5月	河北省人民政府办公厅关于印发河北省2019年深化医药卫生体制改革重点工作任务的通知	综合	地方省市	河北省人民政府办公厅
2019年5月	浙江省卫生健康委办公室 浙江省医疗保障局办公室关于加强县域医共体药品耗材统一管理工作的通知	生物医学工程	地方省市	浙江省卫生健康委员会办公室、浙江省医疗保障局办公室
2019年5月	天津市药品监督管理局关于做好已注册（备案）医疗器械产品管理类别自查工作的通知	生物医学工程	地方省市	天津市药品监督管理局
2019年5月	国家药监局关于印发《国家药品监督管理局关于加快推进药品智慧监管的行动计划》的通知	生物医药	部委	国家药品监督管理局

续表

发布日期	文件名称	类别	部门类型	发布部门
2019 年 5 月	关于加快落实仿制药供应保障及使用政策的通知	生物医药	地方省市	四川省卫生健康委员会等 11 部门
2019 年 5 月	国务院办公厅关于印发深化医药卫生体制改革 2019 年重点工作任务的通知	综合	党中央国务院	国务院办公厅
2019 年 5 月	中华人民共和国人类遗传资源管理条例	综合	党中央国务院	国务院
2019 年 6 月	工业和信息化部办公厅 民政局办公厅 国家卫生健康委员会关于开展第三批智慧健康养老应用试点示范的通知	生物服务	部委	工业和信息化部办公厅、民政部办公厅、国家卫生健康委员会办公厅
2019 年 6 月	广西壮族自治区人民政府关于加快大健康产业发展的若干意见	生物服务	地方省市	广西壮族自治区人民政府
2019 年 6 月	科技部关于发布国家重点研发计划“合成生物学”等重点专项 2019 年度项目申报指南的通知	生物制造	部委	科技部
2019 年 6 月	福建省卫生健康委员会关于加强全省公立医疗机构纳入国家组织药品集中采购和使用试点药品使用监测的通知	生物医药	地方省市	福建省卫生健康委员会
2019 年 6 月	关于医疗器械电子申报（eRPS 系统）工作对外咨询服务的通知	生物医学工程	部委	国家药品监督管理局、医疗器械技术审评中心
2019 年 6 月	农业农村部办公厅关于切实加强非洲猪瘟防治新兽药研制活动监管工作的通知	生物农业	部委	农业农村部办公厅
2019 年 6 月	河北省卫生健康委办公室关于进一步加强医疗机构感染预防与控制工作的通知	生物服务	地方省市	河北省卫生健康委员会办公室
2019 年 6 月	河北省医改办关于印发河北省 2019 年深化医药卫生体制改革重点工作补充任务安排的通知	综合	地方省市	河北省医改领导小组办公室
2019 年 6 月	关于做好通过质量和疗效一致性评价仿制药挂网采购工作的通知	生物医药	地方省市	贵州省药品集中采购工作领导小组办公室

续表

发布日期	文件名称	类别	部门类型	发布部门
2019 年 6 月	自治区卫生健康委 自治区中医药局关于印发广西健康医疗产业发展专项行动计划（2019–2021 年）的通知	生物服务	地方省市	广西壮族自治区卫生健康委员会、广西壮族自治区中医药管理局
2019 年 7 月	浙江省卫生健康委办公室关于开展 2020 年度省医药卫生科技计划申报工作的通知	综合	地方省市	浙江省卫生健康委员会办公室
2019 年 7 月	国家药监局综合司 国家卫生健康委办公厅关于印发医疗器械唯一标识系统试点工作方案的通知	生物医学工程	部委	国家卫生健康委员会办公厅、国家药品监督管理局综合和规划财务司
2019 年 7 月	河北省药品监督管理局关于开展医疗器械临床试验监督检查工作的通知	生物医学工程	地方省市	河北省药品监督管理局
2019 年 7 月	山东省人民政府办公厅关于印发山东省推进“互联网+医疗健康”示范省建设行动计划（2019–2020 年）的通知	生物服务	地方省市	山东省人民政府办公厅
2019 年 7 月	关于印发《完善国家基本药物制度的实施方案》的通知	综合	地方省市	四川省卫生健康委员会等 9 部门
2019 年 7 月	关于加强本市养殖业抗菌药物使用管理的通知	生物农业	地方省市	上海市农业农村委员会
2019 年 7 月	内蒙古自治区卫生健康委员会办公室关于做好 2019 年全区蒙医中医系列高级专业技术资格申报工作的通知	生物服务	地方省市	内蒙古自治区卫生健康委员会办公室
2019 年 7 月	江西省人民政府办公厅关于印发江西省深化医药卫生体制改革 2019 年下半年重点工作任务的通知	综合	地方省市	江西省人民政府办公厅
2019 年 7 月	广东省医改办关于印发广东省深化医药卫生体制改革 2019 年重点工作任务的通知	综合	地方省市	广东省医疗改革领导小组办公室
2019 年 7 月	北京市药品监督管理局关于勘误铝酸铋等 11 个品种国家药品标准有关内容的通知	生物医药	地方省市	北京市药品监督管理局
2019 年 7 月	广西壮族自治区人民政府办公厅关于印发广西进一步加强医疗联合体建设工作若干措施的通知	生物服务	地方省市	广西壮族自治区人民政府办公厅

续表

发布日期	文件名称	类别	部门类型	发布部门
2019 年 7 月	云南省科技厅关于加强人类遗传资源管理工作的通知	综合	地方省市	云南省科技厅
2019 年 8 月	关于印发内蒙古自治区完善国家基本药物制度的实施意见的通知	生物医药	地方省市	内蒙古自治区卫生健康委员会等 7 部门
2019 年 8 月	福建省卫生健康委员会办公室关于开展县域医疗技术平台建设评审验收工作的通知	生物服务	地方省市	福建省卫生健康委员会办公室
2019 年 8 月	陕西省卫生健康委办公室关于组织参加国家卫生健康委分级诊疗第三方评估工作的通知	生物服务	地方省市	陕西省卫生健康委员会办公室
2019 年 8 月	关于印发陕西省进一步改善医疗服务行动计划重点工作方案的通知	生物服务	地方省市	陕西省卫生健康委员会、陕西省中医药管理局
2019 年 8 月	云南省人民政府办公厅关于印发云南省深化医药卫生体制改革 2019 年重点工作任务的通知	综合	地方省市	云南省人民政府办公厅
2019 年 8 月	甘肃省药品监督管理局转发国家药监局综合司关于启用新版《药品生产许可证》等许可证书的通知	生物医药	地方省市	甘肃省药品监督管理局
2019 年 8 月	山东省卫生健康委员会 山东省市场监督管理局关于进一步加强公立医疗机构基本药物配备使用管理的通知	生物医药	地方省市	山东省卫生健康委员会、山东省市场监督管理局
2019 年 8 月	国家医保局 人力资源社会保障部关于印发《国家基本医疗保险、工伤保险和生育保险药品目录》的通知	生物服务	部委	国家医保局、人力资源社会保障部
2019 年 9 月	关于印发心房颤动分级诊疗技术方案的通知	生物服务	部委	国家卫生健康委员会办公厅、国家中医药管理局办公室
2019 年 9 月	关于推进 5G 智慧医疗融合发展的指导意见	生物服务	地方省市	四川省卫生健康委员会
2019 年 9 月	河北省卫生健康委办公室关于印发《推进全省卫生健康机构生活垃圾强制分类工作实施方案》的通知	综合	地方省市	河北省卫生健康委员会办公室

续表

发布日期	文件名称	类别	部门类型	发布部门
2019 年 9 月	海南省卫生健康委员会 关于进一步做好博鳌乐城国际医疗旅游先行区进口药品、医疗器械临床急需评估工作的通知	生物医学工程	地方省市	海南省卫生健康委员会
2019 年 9 月	广东省财政厅 广东省卫生健康委员会 广东省医疗保障局转发财政部 国家卫生健康委 国家医疗保障局关于全面推行医疗收费电子票据管理改革的通知	综合	地方省市	广东省财政厅、广东省卫生健康委员会、广东省医疗保障局
2019 年 10 月	上海市药品监督管理局 上海市卫生健康委员会关于印发《上海市试点开展医疗器械拓展性临床试验的实施意见》的通知	生物医学工程	地方省市	上海市药品监督管理局、上海市卫生健康委员会
2019 年 10 月	关于开展联盟地区药品集中采购中选药品增补挂网工作的通知	生物医药	地方省市	辽宁省医疗机构药品和医用耗材集中采购工作领导小组办公室
2019 年 10 月	河北省药品监督管理局关于印发《河北省医疗器械注册人制度试点工作实施方案》的通知	生物医学工程	地方省市	河北省药品监督管理局
2019 年 11 月	河北省人民政府办公厅印发《关于进一步深化医药卫生体制改革的意见》《关于改革完善医疗卫生行业综合监管制度的实施方案》《关于促进 3 岁以下婴幼儿照护服务发展的实施意见》的通知	综合	地方省市	河北省人民政府办公厅
2019 年 11 月	重庆市人民政府关于印发健康中国重庆行动实施方案的通知	生物服务	地方省市	重庆市人民政府
2019 年 11 月	国务院深化医药卫生体制改革领导小组关于进一步推广福建省和三明市深化医药卫生体制改革经验的通知	综合	党中央国务院	国务院深化医药卫生体制改革领导小组
2019 年 11 月	云南省人民政府关于加快生物医药产业高质量发展的若干意见	生物医药	地方省市	云南省人民政府
2019 年 11 月	福建省卫生健康委员会 福建省财政厅关于印发福建省卫生健康科技计划项目管理暂行办法的通知	综合	地方省市	福建省卫生健康委员会、福建省财政厅
2019 年 11 月	河北省医改办关于报送 2019 年度深化医药卫生体制改革典型案例的通知	综合	地方省市	河北省医改办

续表

发布日期	文件名称	类别	部门类型	发布部门
2019 年 11 月	关于印发《中共中央 国务院关于促进中医药传承创新发展的意见》重点任务分工方案的通知	生物医药	党中央 国务院	国务院中医药工作部际联席会议办公室
2019 年 11 月	北京市卫生健康委员会关于印发《北京市基层医疗卫生机构实验室生物安全管理规范(2019 年版)》的通知	综合	地方省市	北京市卫生健康委员会
2019 年 11 月	福建省卫生健康委员会办公室关于开展公立医疗卫生机构药品配备使用监测分析的通知	生物医药	地方省市	福建省卫生健康委员会办公室
2019 年 11 月	国务院深化医药卫生体制改革领导小组印发关于以药品集中采购和使用为突破口进一步深化医药卫生体制改革若干政策措施的通知	综合	党中央 国务院	国务院深化医药卫生体制改革领导小组
2019 年 11 月	国家卫生健康委关于印发自由贸易试验区“证照分离”改革卫生健康事项实施方案的通知	综合	部委	国家卫生健康委员会
2019 年 11 月	广东省卫生健康委 广东省工业和信息化厅 广东省医疗保障局 广东省政务服务数据管理局 广东省中医药局关于印发广东省建设“互联网+医疗健康”示范省行动方案的通知	生物服务	地方省市	广东省卫生健康委员会等 5 部门
2019 年 12 月	科技部办公厅关于开展全国人类遗传资源行政许可管理专项检查有关工作的通知	综合	部委	科技部办公厅
2019 年 12 月	关于印发全省卫生健康系统安全生产集中整治工作实施方案的通知	综合	地方省市	辽宁省卫生健康委员会办公室
2019 年 12 月	安徽省人民政府关于印发健康安徽行动实施方案的通知	综合	地方省市	安徽省人民政府